香りがナビゲートする
有機化学

理学博士　長谷川　登志夫　著

コロナ社

『香りがナビゲートする有機化学』正誤表

このたびは本書をお買い上げいただき、誠にありがとうございます。本書には下記のような誤りがありました。ここに訂正し、謹んでお詫び申し上げます。

ページ	箇所	誤	正
14	7行目	ジエチルエーテル	ジメチルエーテル
14	9行目	化合物(E)は, …	化合物(E)のエチル誘導体 C_2H_5–O–C_2H_5は,
14	図1.13 右上	H H H H–C–C–C–H H C H H H (D) 分枝アルカン	H H H H–C–C–C–H H C H H H H (D) 分枝アルカン
62	図3.15 (a)中央 (b)中央	R_a R_b R_c のそれぞれ	R^1 R^2 R^3
63	図3.16 (a), (b)	R_a R_b R_c のそれぞれ	R^1 R^2 R^3
69	図3.25 上 置換反応の図 (矢の位置)	$CH_3CH_2\ddot{O}H$ ↓	CH_3CH_2OH ↓
120	付図B.1 (a)	**O H** (**O** と **H** をくっつける)	**OH**

はじめに

有機化学とは，有機化合物の性質について学ぶ学問である。高校の教科書の有機化学に相当する部分には，お酒などのアルコール飲料や消毒に使われているエタノール，お酢の成分である酢酸そしてガソリンに含まれているヘキサンなど，有機化合物が私たちの生活に身近なものとして登場している。そして，これらの有機化合物の種類やその性質，反応などについての記述がされている。しかし，無機化合物に比べてその取扱いの程度は低いように思われる。

無機イオンの定性分析は，化合物を混ぜることで色が変化したり，沈殿を生成したりと，化学の面白さを教えてくれる。それに引き換えて有機化合物の反応は地味である。特に，高校の教科書で扱われている有機化合物の反応は，ただ化合物の式の変化になっているように思えてしまう。

有機化合物は，地味な存在のまま，暗記するしかないのか。いや，劇的に変化したことを感じることの性質が，じつはある。それは，においである。においは有機化合物，特に教科書の基礎的な説明に取り上げられている有機化合物にとって，融点や沸点，水溶性や脂溶性といった性質と同じくらい，あるいはもっと明確な化合物の特徴である。しかし，残念なことに，あまり重要な性質として取り扱われていない。教科書に出てくるような有機分子は，独特のにおいを有するものが多い。例えば，エタノールは清々（すがすが）しいにおいを有し，ヘキサンはガソリンのような油臭さをもっている。このようなにおいの特徴は，その分子構造と密接に関係している。エタノールは，ヒドロキシ基 OH をもつため，水によく溶け清々しいにおいを発する。一方，エタノールのヒドロキシ基がブチル基 C_4H_9 に変わったヘキサンは水にほとんど溶けない。つまり，脂溶性となっている。そして，そのにおいは油臭である。アルコールから炭化水素への構造の変化が，清々しいにおいから油臭いにおいへの変化として現れているのである。また，エタノールを酸化することにより，酸っぱいにおいの酢酸へと変化する。このように，有機化合物の構造の変化はにおいの変化として現れる。いわば，人の嗅覚を用いて有機化合物の構造の分析をしているようなものである。

本書では，有機化学の性質や反応をできるだけにおいと関連付けることで，有機化合物を身近なものと感じてもらうように考えた。有機化合物のにおいの特徴をナビゲーターとして有機化学の基礎的な事柄を1章から4章にわたって説明した。そして，最後の5章では，1章から4章までに学んだ有機化学の基礎事項と関連付けて，香料有機化学の実際について説明した。いわば，香りを通じての身近な有機化学という内容になっている。なお，5章は，1章から4章に先立って，初めに読んでも構わないと考えている。この5章で有機化学の魅力を感じ取ってもらってから，1章から4章の有機化学の基本を学ぶという使い方もできるかと思う。このように学んでいくことで，有機化学を私たちの生活と密接にかかわっている学問として理解できるようにと考えている。本書を通して有機化学を勉強した後には，においを嗅いだときに，有機分子の構造や性質が浮かんでくるようになることを期待している。

2016年8月

長谷川　登志夫

目　　　次

1章　有機化学を構成する分子の構造を理解するための基礎概念

2章　有機化合物の構造とその性質との関連

3章　有機化合物の反応 —— 有機化合物の相互変換 ——

4章　生体を作っている有機分子と高分子化合物

5章　香りがナビゲートする有機化学

1 有機化学を構成する分子の構造を理解するための基礎概念

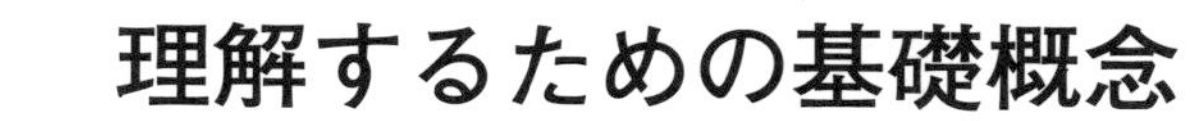

においをナビゲーターとして有機化学を学ぶ。そのためには，有機分子が存在しなくてはならない。有機分子が存在して，初めてにおいが生まれる。では，有機分子とはどんな形をしているのか。まず，どのようにして有機分子が作られるのかから学ぶことにする。

1.1 有機化学とは

化学は，分子の基本的な性質を調べるアプローチの仕方によって，いくつかに分類されている。分子レベルでどのような現象なのかを物理学の力で解き明かしていくのが物理化学である。また，どのようにして調べたらいいのかの分析の方法を考えるのが分析化学である。

一方，対象とする化合物による分類もある。対象とする化合物が有機化合物の場合の化学が有機化学であり，無機化合物であるのが無機化学である。有機化合物と無機化合物とはどう違うのか。つぎにその例を示す。

〈**有機化合物**〉：エタノール（お酒や消毒），酢酸（酢），ヘキサン（ガソリンの成分）

〈**無機化合物**〉：炭素原子（ダイヤモンド），塩化ナトリウム（食塩の成分），鉄（ビルの骨格素材）

無機化学を分子レベルで捉えることは，簡単にいえば元素の周期表の理解になる。つまり，周期表の100以上の元素を使ってさまざまな無機化合物が作られている。一方，有機化合物は，ほんの一握りの元素によって作られている。

特に，その分子の骨格におもに使われている元素は炭素と水素の２種類だけである。これに，酸素原子，窒素原子が加わることで，重要な有機分子のほとんどが作られている。

無機化合物に比べて圧倒的に少ない種類の原子しか使われていないにもかかわらず，多彩な性質をもった有機化合物が存在する。その多彩な性質のなかで，一番顕著に，そして容易に見ることができるのがにおいである。本書では，においという“案内人”を使って有機分子の性質を解き明かしていこうと思う。そのためには，まずは，有機分子がどのようにして作り上げられているのかの理屈を知ることが重要である。

1.2　原子の構造と化学結合

エタノール C_2H_5OH は，最もなじみの深い有機分子の一つである。その分子構造を**図 1.1** に示す。

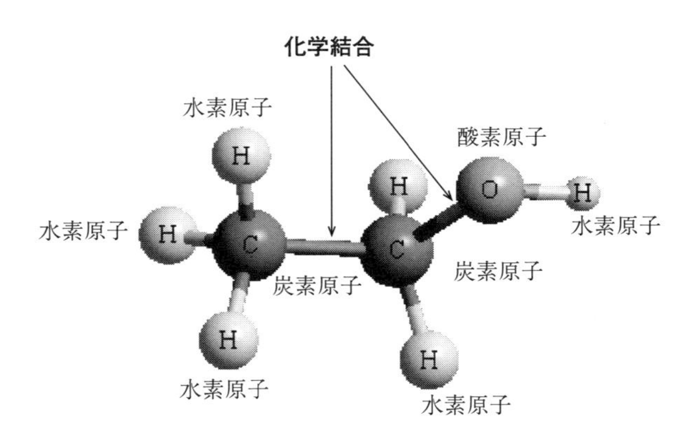

図 1.1　エタノールの分子構造

エタノールの分子は，炭素原子２個，水素原子６個，そして酸素原子１個から構成されている。そして，炭素原子の一つは三つの水素原子と一つの炭素原子と結び付き，もう一つの炭素は二つの水素原子と一つの炭素原子と一つの酸素原子と結び付いている。つまり，どちらの炭素原子も四つの原子と結び付いている。

図1.1で原子と原子を結び付けている棒状に描かれているもの，これが**化学結合**（chemical bond）である。ところで，炭素原子の化学結合の数は4本であるが，酸素原子は2本，水素原子は1本である。なぜ，このような違いがあるのか，そもそも化学結合とは何か。それを知るためには，まず，原子の構造とそこからどのようにして分子が作られているかを知る必要がある。

1.2.1　原子の構造

原子の性質の基本は**周期表**（periodic table）である。ロシアのドミトリ・メンデレーエフ（1834～1907年）が1869年に発見したものである。ここでは，有機化合物の分子の理解に必要な第3周期までを**表1.1**に示す。

表1.1　原子の周期表の第3周期までの原子とその構造

周期	原子番号	元素記号	元素名	陽子の数	電子の数	族の名前
1	1	H	水素	1	1	第1族
1	2	He	ヘリウム	2	2	第18族
2	3	Li	リチウム	3	3	第1族
2	4	Be	ベリリウム	4	4	第2族
2	5	B	ホウ素	5	5	第13族
2	6	C	炭素	6	6	第14族
2	7	N	窒素	7	7	第15族
2	8	O	酸素	8	8	第16族
2	9	F	フッ素	9	9	第17族
2	10	Ne	ネオン	10	10	第18族
3	11	Na	ナトリウム	11	11	第1族
3	12	Mg	マグネシウム	12	12	第2族
3	13	Al	アルミニウム	13	13	第13族
3	14	Si	ケイ素	14	14	第14族
3	15	P	リン	15	15	第15族
3	16	S	硫黄	16	16	第16族
3	17	Cl	塩素	17	17	第17族
3	18	Ar	アルゴン	18	18	第18族

ここからの話を理解するうえで，化学結合は電子によって作られるということを頭に入れておくことが重要である。化学結合の理解をにぎる元素は，他の原子と結合して分子を作らないヘリウムやネオンなどの第18族の元素（不活性ガス）である。その電子配置は2，10，18と8個ずつ増える。

電子は原子核からある一定の距離のある特定の空間に存在している。その存在している空間を**軌道**（**オービタル**，orbital）という。オービタルは以下の二つの要素，エネルギーと形で規定されている。

① **軌道のエネルギー**　電子が入ることのできる原子の軌道のエネルギーは，連続的ではなく一定のエネルギーのものがいくつかある不連続なもので，一番低いエネルギーの状態からK殻，L殻，M殻と呼ぶ。

② **軌道の形**　有機化合物の結合に使われている軌道の形にはs軌道とp軌道の二つがある。**図1.2**に示すようにs軌道は，原子核を中心に球状に広がった形をしており，p軌道は，x，y，zの三つの方向に広がった形をしている。

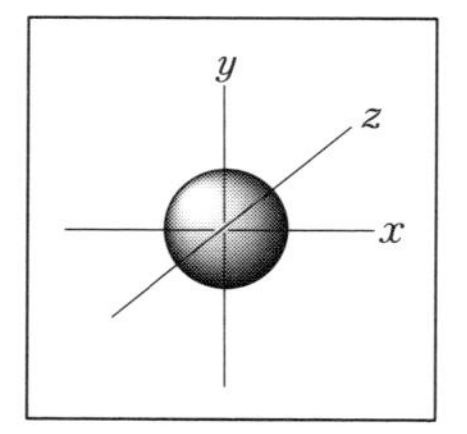

（a）　s軌道

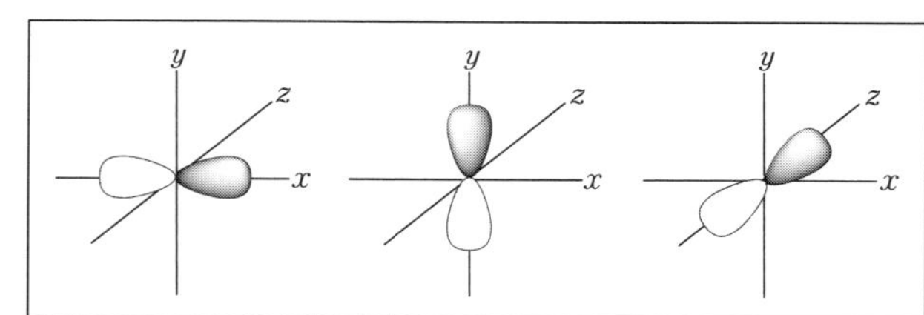

（b）　p軌道

図1.2　s軌道とp軌道の形と広がり

エネルギーと形という二つの要素を併せもったs軌道とp軌道が原子に存在する。エネルギーの一番低いK殻にはs軌道しかなく，1s（1はK殻のことを意味する）と表現する。そのつぎのエネルギーのL殻には2s，2p（2はL殻のことを意味する）の2種類がある。2sに比べて2pのほうが少しだけエネルギーが高い。また，2p軌道には方向性の違う三つの軌道がある。したがってL殻には，2s，$2p_x$，$2p_y$，$2p_z$の4種類の軌道が存在する。同じようにM殻には，3s，$3p_x$，$3p_y$，$3p_z$ の4種類の軌道が存在する（厳密にはM殻には，d軌道と呼ばれる軌道があるが，通常の有機分子には関与していないので，ここでは省略する）。

エネルギーの低い軌道から順に以下の①と②のルールに従って電子が入って原子が作られる。この規則のもとでの各原子の電子配置を**表1.2**に示す。

表1.2　原子の周期表の第3周期までの原子と電子配置

原子番号	元素記号	オービタル								
		1s	2s	$2p_x$	$2p_y$	$2p_z$	3s	$3p_x$	$3p_y$	$3p_z$
1	H	1								
2	He	2								
3	Li	2	1							
4	Be	2	2							
5	B	2	2	1						
6	C	2	2	1	1					
7	N	2	2	1	1	1				
8	O	2	2	2	1	1				
9	F	2	2	2	2	1				
10	Ne	2	2	2	2	2				
11	Na	2	2	2	2	2	1			
12	Mg	2	2	2	2	2	2			
13	Al	2	2	2	2	2	2	1		
14	Si	2	2	2	2	2	2	1	1	
15	P	2	2	2	2	2	2	1	1	1
16	S	2	2	2	2	2	2	2	1	1
17	Cl	2	2	2	2	2	2	2	2	1
18	Ar	2	2	2	2	2	2	2	2	2

① **パウリの排他原理**（Pauli exclusion principle）　同一原子内では，どの二つの電子も，そのすべての量子数が等しい値をとることができない。電子には2種類のスピン（電子スピンともいう）があるため，1種類の軌道に電子は二つのペアで入る。

② **フントの規則**（Hund's rules）　p軌道にはエネルギーの同じ3種類の軌道がある。このときにはいきなりペアを組んで入ることはなく，まず一つ

ずつ入って，すべての軌道に入ったあと初めてペアを作っていく。

1.2.2 化　学　結　合

化学結合（chemical bond）とは原子と原子とが電子を介して結び付いている状態をいい，**図 1.3** に示した線で表現する。このような分子の表現の仕方を**構造式**（structural formula）と呼ぶ。

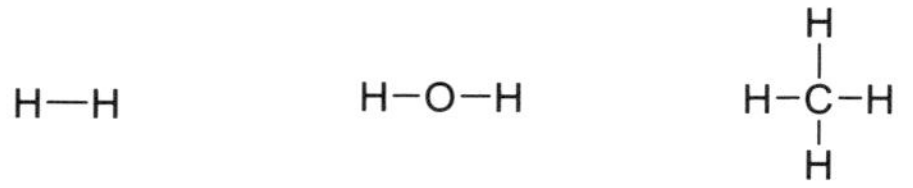

H—H　　H−O−H　　H−C−H（上下に H）

（a） 水素分子　（b） 水分子　（c） メタン分子

図 1.3　分子の構造式での表記

化学結合にもいくつかの種類があり，ここで述べたものは**共有結合**（covalent bond）と呼ばれている。ほかに代表的な化学結合には塩化ナトリウムのようにナトリウムの + の電荷をもったイオンと塩素の − の電荷をもったイオンとが電気的な力で結び付いたタイプの**イオン結合**（ionic bond）もある。有機化合物を形成している分子の骨組みは共有結合で作られているため，ここからは共有結合に絞って説明する。

化学結合に関与している電子は原子のもっとも外側のエネルギーの高い軌道にある電子の**最外殻電子**（peripheral electron）が使われる。つまり，電子が K 殻にしかない原子（第 1 周期の原子）では K 殻の電子が使われ，L 殻まで電子がある原子（第 2 周期の原子）では，K 殻の電子は結合には関係せず，L 殻の電子だけが使われる。M 殻まで電子がある原子（第 3 周期の原子）では，L 殻までの電子は結合には関係せず，M 殻の電子だけが使われる。この結合に関与している最外殻にある電子のことを**原子価電子**（valence electron）といい，この価電子の数を示した化学式を**ルイス構造式**（Lewis structural formula）という。例えば，有機化合物に関係する重要な原子の水素原子では価電子が一つ，炭素原子では四つ，酸素原子では六つある。したがって，**図 1.4** の左に示したように書く。

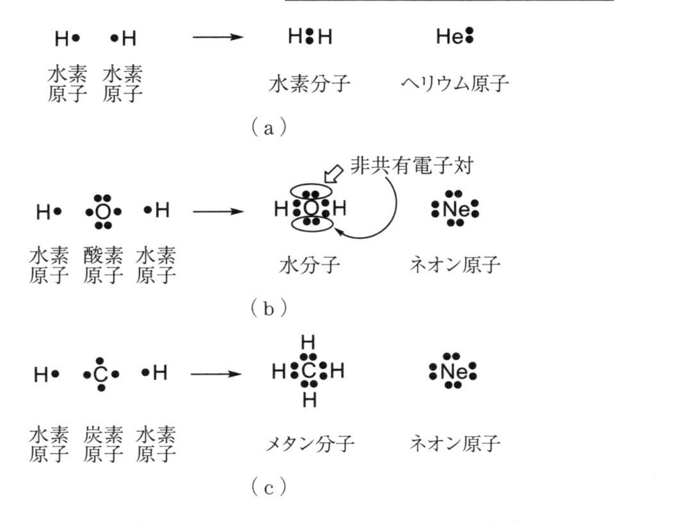

図 1.4 ルイス構造式を用いた分子の共有結合形成の模式図

このルイスの構造式を使って，水素分子，水分子，メタン分子がどのように電子を介して共有結合を作っていくのかを説明する。

一番簡単な水素分子について考えてみる。1s 軌道に 1 個の電子をもつ水素原子二つが結合して水素分子ができている。水素分子では，図 1.4 のように水素原子の間に二つの電子が存在し，二つの電子を二つの水素原子が共有している状態になっている。このとき，水素原子にとっては，1s 軌道に電子二つ存在していることと同じ状態になっている。この状態は分子を作らない安定な不活性ガスのヘリウム原子と同じである。つまり，共有結合とは，原子が互いに電子を出し合って電子対を形成して安定な状態を作る（このことが分子形成となる）ことにほかならない。同じように考えて，図 1.4 のように水素分子およびメタン分子の共有結合が作られている。

ところで，水分子の構造にはもう一つ重要なことがある。共有結合に関与していない 2 組みの**非共有電子対**（unshared electron pair）の存在である。この電子対は電子が裸の状態で存在しているため，この − の電荷を有する電子が外からのほかの分子などの攻撃にさらされている状態になっている。この性質が，のちの酸塩基性および有機化学反応において重要な役割を果たすことになる。

ここでもう一度，有機化合物にとって重要な炭素骨格の基本分子であるメタン分子について考えてみる。炭素原子はL殻に4個の電子をもっている。したがって，共有結合に関して四つの手があり，四つの水素原子と結合して，図1.4で示したようにメタン分子を作る。

しかし，ことはこれほど単純ではない。

L殻にはエネルギーの少し異なったs軌道とp軌道があることはすでに述べた。そして，s軌道とp軌道では電子の存在している領域が違う（つまりエネルギーが少し違う）。さらに，p軌道ではx，y，zの三つの異なった方向に電子が存在している。このことが有機分子のさまざまな構造を生み出す原点になっている。これらのことを踏まえて炭素原子が関与した共有結合を考えなくてはならない。そのためには，軌道のレベルで共有結合を考える必要がある。

1.3　共有結合 ―― 混成軌道(sp^3, sp^2, sp)，単結合，二重結合，三重結合，σ結合とπ結合 ――

1.3.1　混成軌道（sp^3, sp^2, sp）

水素分子では**図1.5**のように1s軌道どうしの重なりによって水素分子が作られる。s軌道は球状のためもう一つの原子の軌道との重なりはどの方向からでも等しくなる。しかし，図1.2で示したようにp軌道にはx，y，zと方向性がある。軌道の広がりがある方向からの軌道の重なりが，最も有効な重なりになる（強い結合の形成につながることになる）。前節の共有結合形成については，分

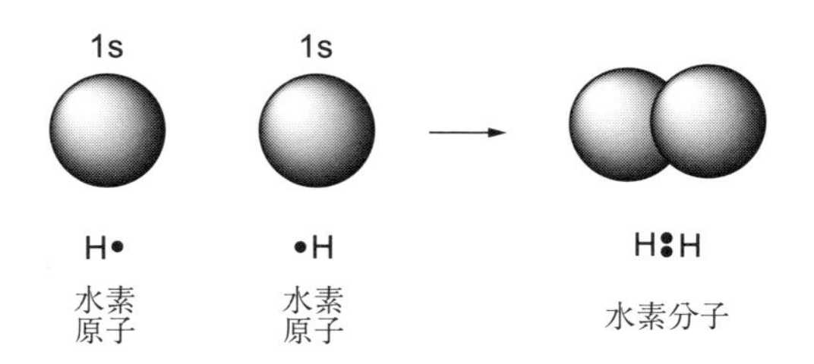

図1.5　水素原子の1s軌道の重なりによる水素分子の形成

子の立体構造についてはまったく考慮していなかった。しかし，分子は三次元的な広がりをもっている。分子の立体構造は何によって決められているのか。基本的には原子の軌道の重なりの方向性（結合を作る方向性）によって決まる。

炭素原子のL殻にはs軌道とp軌道の二つがある。これらの軌道を使って化学結合が形成される。炭素原子が他の原子と結合を形成するとき，その結合形成にL殻の2p軌道が関与している。したがって，メタン分子の炭素と水素の結合はp軌道の電子の存在分布の方向性から考えて，互いに直交することになる。しかし，実際のメタン分子は，正四面体構造をしている。つまり，炭素原子は結合に関して等価な四つの手をもっている。炭素原子から四つの等価な方向に軌道が広がっていることになる。このような軌道を説明するため，**図1.6**に示すように，L殻の2s軌道と三つの2p軌道すべてからあらたに四つの等価な軌道が生成し，その軌道を用いて共有結合が形成されるという考え方，つまり**sp^3 混成軌道**（sp^3 hybrid orbital）という考え方をする。

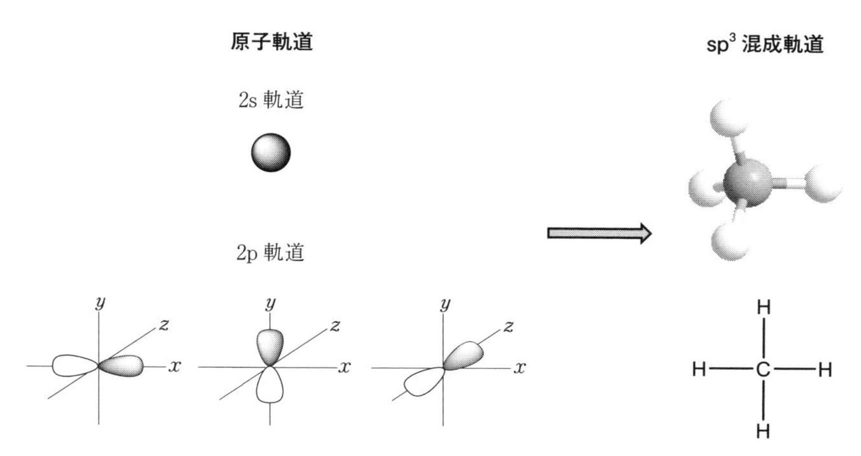

図1.6　2s軌道と2p軌道からの sp^3 混成軌道の生成

1.3.2　単結合，二重結合，三重結合，σ結合とπ結合

図1.7に示すように，有機化合物の骨格を形成する炭素‒炭素結合には3種類存在する。これらの炭素‒炭素結合のうち炭素原子と炭素原子が結ばれた単

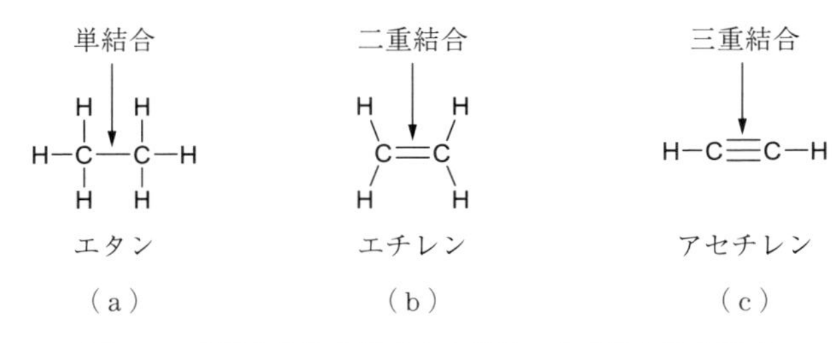

図 1.7　有機化合物を構成する分子の基本的な結合様式

結合は，**図 1.8** に示すように，sp^3 混成軌道どうしの重なりによって形成されている。このときに，形成される結合のことを **σ結合**（σ bond）といい，この結合形成に関与している電子を **σ電子**（σ electron）と呼んでいる。ほかの二つの結合はどのようになっているのか。まずは，それぞれの分子の立体的な構造から考えてみる（**図 1.9**）。

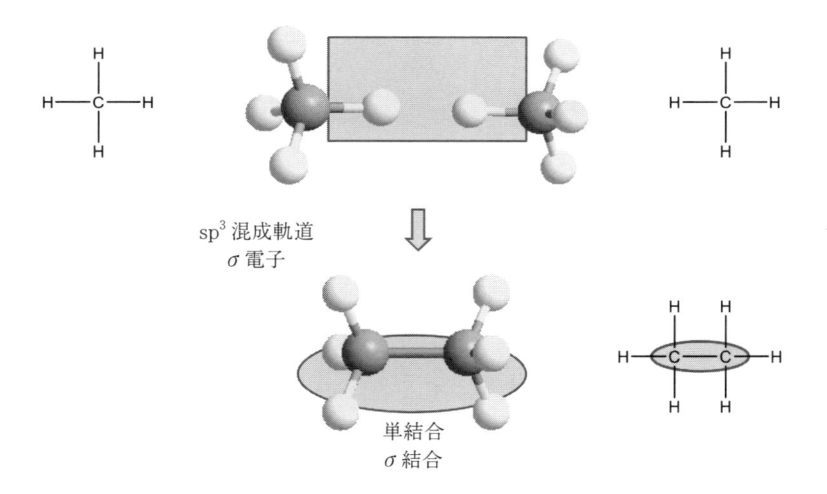

図 1.8　エタン分子の単結合

エタン分子は，炭素原子の四つの結合が正四面体の方向性をもっているため，三次元的に広がった分子構造を有している。一方，エチレン分子を構成している炭素原子は平面に広がっている三つの等価な結合をもち，この結合によって炭素原子どうしが結び付いている。また，アセチレン分子の炭素原子は

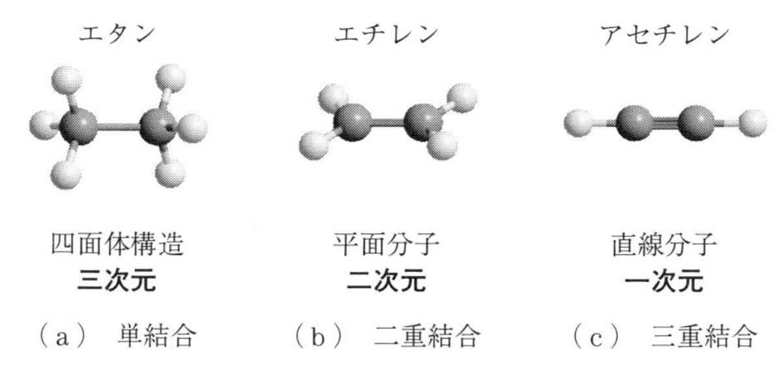

図 1.9 単結合，二重結合，三重結合を有する分子の立体構造

直線状の二つの結合をもっている。分子の形から考えて，明らかにこれら 3 種類の化合物の炭素–炭素結合は異なっている。どのように違っているのか。水素を添加する反応によってこれらの炭素–炭素結合の違いを明確に知ることができる。

図 1.10 に示すように，アセチレンとエチレンそしてエタンは，水素分子の付加反応によって相互に結び付いている。アセチレンは無臭のガスであるが，水素の添加でオレフィン独特のにおいをもつエチレンになる。さらに，水素を添加することで再び無臭の気体エタンとなる。ただし，この気体にさらに水素を添加しても何の変化も起こさない。このように，水素添加によって性質の異なる分子へと変化している。

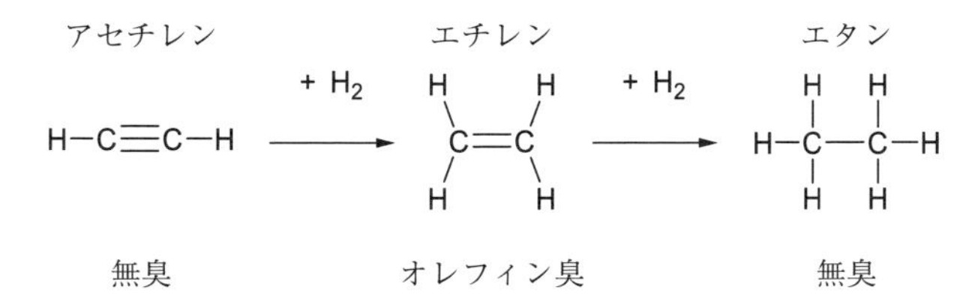

図 1.10 アセチレンへの水素添加によるエチレン，エタンへの変化

この反応から，エチレンの C=C の 2 本の結合のうち 1 本はエタンの単結合（σ結合）と同じであるが，もう一つの結合は水素と付加反応する性質をもっていることがわかる。この反応した結合を **π 結合**（π bond）と呼び，結合に関与している電子を **π 電子**（π electron）と呼んでいる。そして，アセチレン

の C≡C 三重結合は，1 本は σ 結合であり，残りの 2 本は π 結合になっていることがわかる。なお，これらの分子における炭素原子と水素原子の結合も σ 結合である。

単結合と二重結合と三重結合の反応性による違いはわかった。では，これらの結合は，軌道の考えを用いてどのように説明できるだろうか。二重結合と三重結合がどんな結合によって形成されているのか，単結合について用いた sp^3 混成と同じ考え方で解釈される。

二重結合の平面に広がる三つの結合は，一つの 2s 軌道と二つの 2p 軌道によって形成されている **sp^2 混成軌道**によって，また，三重結合は一つの 2s 軌道と一つの 2p 軌道によって形成されている **sp 混成軌道**によって作られている。しかし，これらの結合にはまだ残っている軌道と電子がある。二重結合では 2p 軌道に電子が一つ，三重結合では二つの 2p 軌道にそれぞれ電子が一つずつ残っている。

図 1.11 および**図 1.12** に示すように，p 軌道の側面の重なりによる電子対の共有によって結合が形成されている。この結合が π 結合である。図をみて明らかなように σ 結合に比べて π 結合では，その p 軌道の重なりが小さい。こ

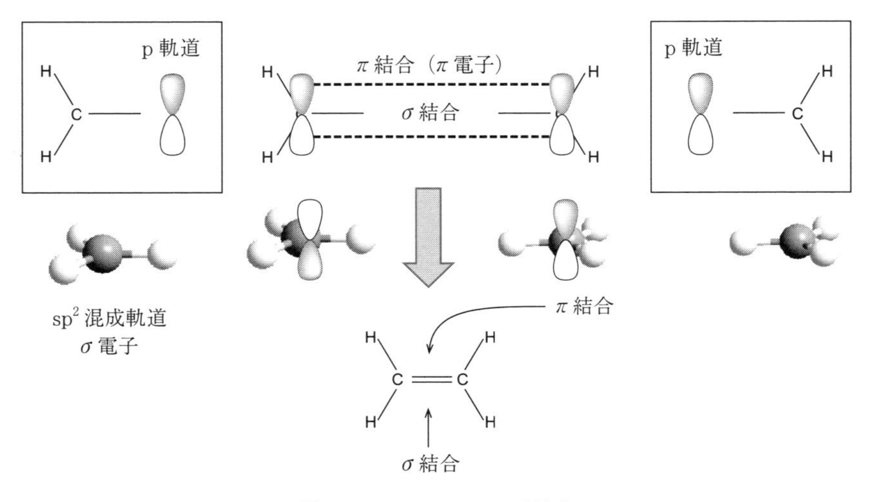

図 1.11　エチレンの二重結合

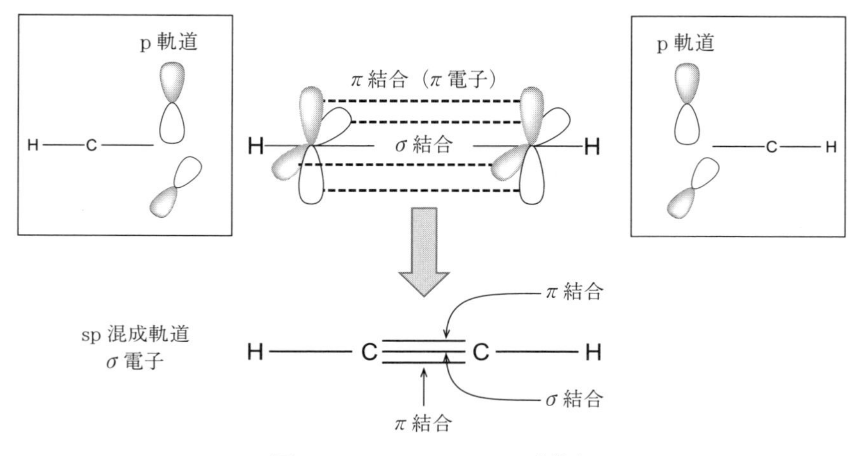

図 1.12　アセチレンへの三重結合

のことは σ 結合よりも弱い結合の原因になっている。このため，図 1.10 のような付加反応を起こす。

1.4　異性体，立体配置と立体配座

1.4.1　異　　性　　体

有機化合物を形成する分子の種類は，主として炭素原子と水素原子である。この 2 種類の原子で有機分子の骨格が作られ，ここに窒素原子，酸素原子が加わってほとんどの有機化合物が作られている。有機化合物を構成している元素の種類がこんなに少ないにもかかわらず，たくさんの種類の分子が存在することの大きな要因は，異性体という化合物の存在にある。**異性体**（isomer）とは，分子を構成する原子の数が同じであっても，構成する原子間のつながり方や空間的な配置の違いによって形成されるまったく別の分子のことである。このような場合，この二つの分子が異性体の関係にあるという。特に，このように構成する原子間のつながり方の違いによって生じる異性体を**構造異性体**（structural isomer）という。また，分子中の構成する原子間のつながり方は同じでも，原子の空間的な配置の違いによって生じる異性体を**立体異性体**（stereoisomer）という。

分子式 C_2H_6（エタン）の化合物（A）を出発化合物として構造異性体とは何かを**図 1.13** を用いて説明する。無臭の化合物（A）にもう一つ炭素原子 C を加えることで，弱い脂肪族系のにおい（強いていえば石油系のにおい）の化合物（B）（プロパン，分子式 C_3H_8）となる。しかし，酸素原子 O が一つ加わる場合には 2 通りの結合の仕方がある。一つは，化合物（A）の炭素原子 1 と 2 の間に入って新しい化合物を作る場合で，もう一つは炭素原子 1 または 2 に酸素原子が結合する場合である。それぞれ，ジエチルエーテル（E）とエタノール（F）という化合物になる。これら二つの化合物（E）と（F）の分子式はともに C_2H_6O であり，構造異性体の関係になる。化合物（E）は，昔は麻酔に使われたこともあるエーテル臭と呼ばれる爽快なにおいをもつ。また化合物（F）は，よく知られたアルコール飲料の主役の化合物である。まったく異なった化合物である。このように，炭素原子とは異なった原子でしかも結合する手が二つ以上ある原子が加わった場合には異性体ができる。しかし，塩素原子のように結合する手が一つしかなければ，単結合の間に入り込ん

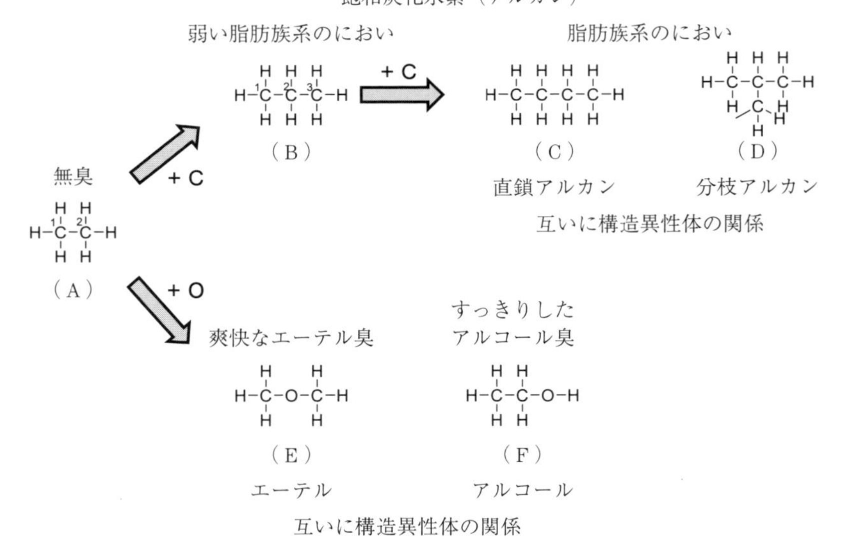

図 1.13　構造異性体

で結合を作ることはできない。したがって，化合物（F）のタイプの化合物しか生成しない。つまり，この場合には異性体は生成しない。

つぎに，化合物（A）に酸素原子でなく炭素原子が一つ加わった化合物（B）（分子式 C_3H_8）について考えてみる。この化合物には異性体は存在しない。しかし，化合物（B）にさらに，炭素原子を一つ結合させる場合，つなげ方に2通り存在するため異性体が生まれる。一つは，化合物（B）の1位か3位の炭素原子にさらにもう一つの炭素原子が結合した場合，もう一つは，2位の炭素原子に結合した場合である。それぞれ，直鎖アルカン（C）（ブタン，分子式 C_4H_{10}）と分枝アルカン（D）（2–メチルプロパン，分子式 C_4H_{10}）の構造異性体が生成する。このようにして炭素の数が増えていくと，枝分かれの結合によって，一気に構造異性体の数が増えていくことになる。

ところで，炭化水素には単結合以外に二重結合と三重結合がある。その場合についても，**図1.14**に示すような各種の構造異性体を生成する。また，結合

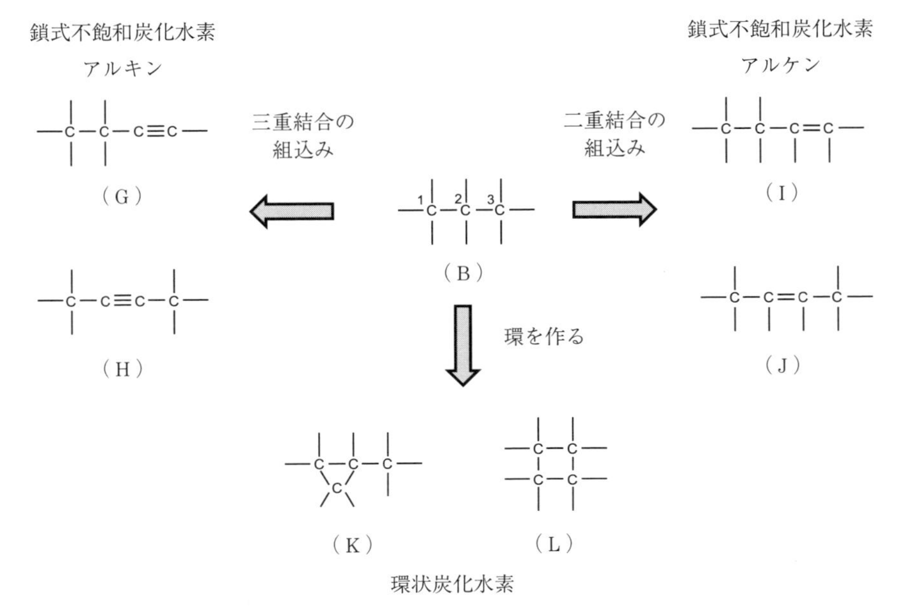

図1.14　不飽和炭化水素および環構造を含む場合の構造異性体

によって環構造が生まれてくる場合にも異性体が生成する。図に示したように3員環や4員環といった環構造をもった化合物（K）や（L）である。この二つは，二重結合を一つもった化合物（I），（J）の構造異性体になる。

1.4.2　分子の二次元構造と性質（立体配置）

分子中に二重結合が存在すると，二重結合に置換した原子（または原子団）の相対的な位置関係が異なることによって生じる異性体が存在する。**図1.15**に示すように，二つ臭素原子が同じ側にあるものを**シス**（cis），反対側にあるものを**トランス**（trans）と呼んでいる。このような異性体を**幾何異性体**（geometrical isomer）または**シス-トランス異性体**と呼ぶ。しかし，**図1.16**のような場合には，二つの幾何異性体をシス，トランスで明確に規定することができない。そこで，これらのことを含めて，もっと一般的にこのような立体構造を規定できる方法として**E，Z命名法**が決められた。現在では，慣用的にシス，トランスという言葉を使うことはあるが，正式にはE，Zが用いられている。つぎに，このE，Z命名法について説明する。

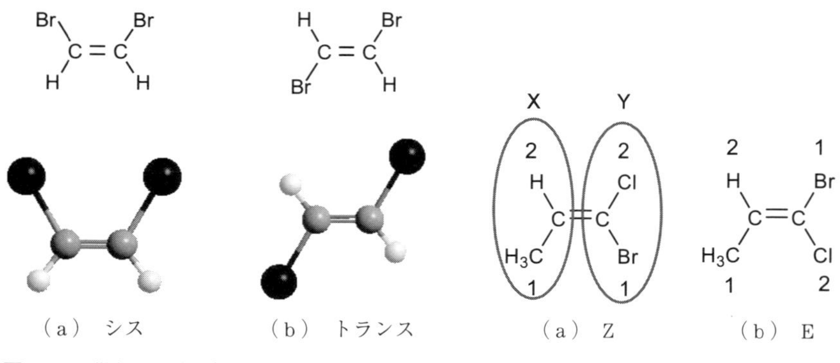

（a）シス　（b）トランス

図1.15　幾何異性体（シス-トランス異性体）

（a）Z　（b）E

図1.16　幾何異性体の立体表記法

図1.16のように二重結合の相対的位置関係を示す必要のある部分XとYのそれぞれで，以下に述べる順位則に従って順位付けをする。そして，その順位が高い原子が同じ側にある場合がZ，反対側にある場合がEと定義される。

〈原子または原子団の優先順位の決め方（順位則）〉

以下に示す（1）から（3）の規則を順番に適応して順位を決める。つまり（1）の規則で順位が決められないかみる。もし，決められない場合には，（2）の規則を適応する。こうして順番に決めていき，決まるまで，比較する原子を順次広げていき，この規則を適応する。

（1）　原子番号の大きいものを高順位とする。

（2）　原子番号が同じであれば原子量の大きいもの（これは，同位体の区別を指す）が高順位。

（3）　決まらない原子に結合しているそのつぎの原子について（1）そして（2）によって順位を決める。

幾何異性体どうしは，空間的な分子の配置が異なることから，沸点や融点など物理化学的な性質が異なっている。もっと顕著な違いはほかにないだろうか。じつは，われわれは日ごろ，この構造の違いを知らないうちに実感させられている。草をむしったときなどの青臭いにおいのもとは，**図 1.17**（a）の化合物（*Z*）-3-ヘキセノールである。青葉アルコールとも呼ばれ，緑の香りの基本となっている。図（b）で見てわかるようにこの化合物には幾何異性体，つまり E 体が存在する。この幾何異性体のにおいは，Z 体とはまったく異なった

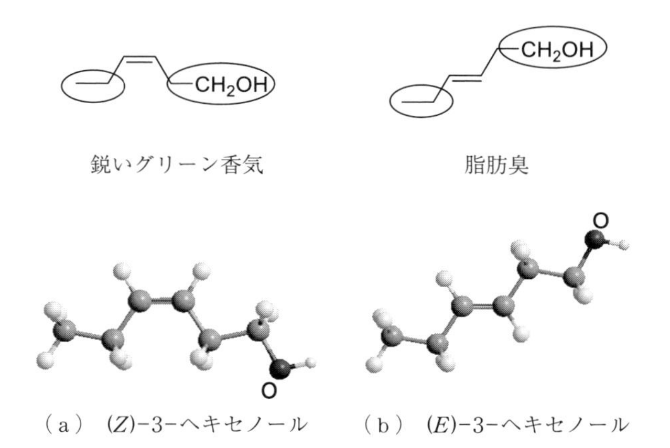

（a）（*Z*）-3-ヘキセノール　（b）（*E*）-3-ヘキセノール

図 1.17　幾何異性体によるにおいの違い

脂肪臭を有している。これ以外にも，相互ににおいの異なる幾何異性体が多く存在する。

1.4.3　分子の三次元構造，分子の鏡の世界（鏡像異性体）

sp^3 混成の炭素原子（つまり単結合だけをしている炭素原子）の四つの手にすべて異なった原子または原子団が結合している場合，もう一つの重要な立体異性体が生まれる。**図 1.18** に示すようにすべての原子が異なっている場合，鏡の関係にある異性体が存在する。このような関係の異性体を**鏡像異性体**（enantiomer）と呼んでいる。この図で，▬は，紙面から手前に結合が出ていることを示し，点線は紙面の向こう側に結合が出ていることを示している。そして，このような異性体を生じるもととなっている炭素原子を**不斉炭素原子**（asymmetric carbon atom）という。炭素原子が正四面体構造をとっていることから生じる異性体である。

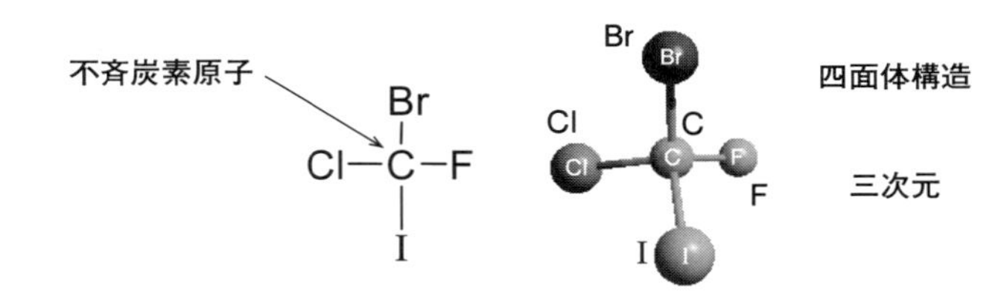

2 種類の立体異性体が存在

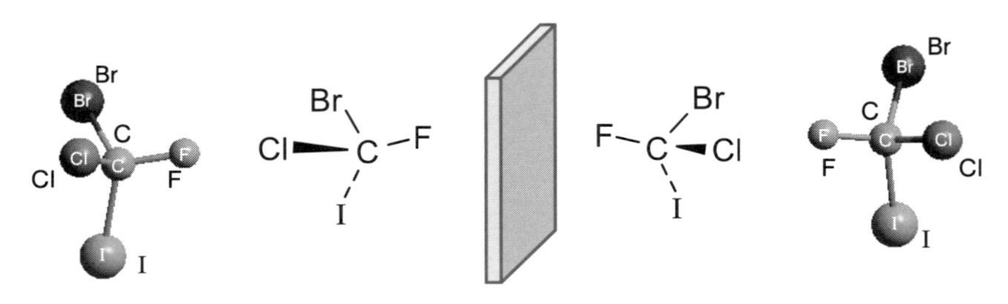

図 1.18　鏡像異性体の存在条件

鏡像異性体間では，相対的な空間的分子の広がり方に差がないため，分子の性質がただ一つのことを除いて，同じである。ただ一つの性質とは，光に対する性質つまり偏光面を右に回転させるか，左に回転させるかの違いである（この性質を示す尺度を旋光度という)。このため，鏡像異性体のことを**光学異性体**（optical isomer）とも呼ぶ。

乳酸は，**図 1.19** に示すように不斉炭素原子があるため，鏡像異性体が存在する。偏光面を右に変えるものを ＋，左に変えるものを － と書くことになっている。ところで，図 1.19 では，（－）乳酸と（＋）乳酸の立体構造が示されている。では，＋ か － かによってその立体構造が決まってしまうのか。その答えはノーである。この両者の間にはまったく関係がない。これらの立体構造は別の方法で求めなくてはならない。基礎有機化学の範囲を超えるため，ここでは，その方法については詳しくは述べない。しかし，この二つの立体構造が ＋ と － では規定できないとしたら，どのように規定したらいいのか。そこで，考え出されたのが **R，S 命名法**である。

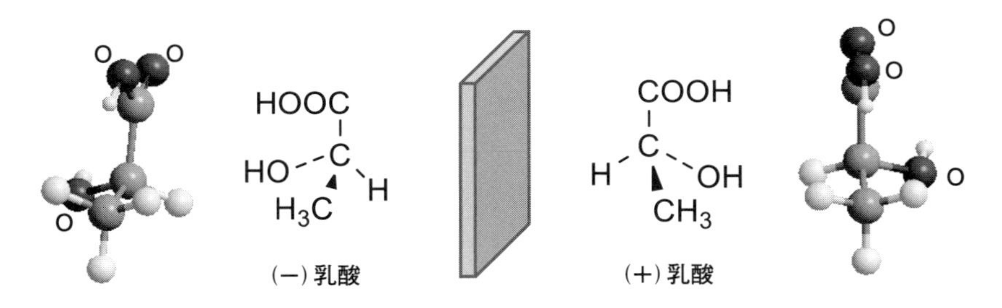

図 1.19 光学活性な乳酸

図 1.20 を用いて R，S 命名法について説明する。先ほど E，Z 命名法のところで説明した順位則に従って，不斉炭素に結合している原子（または原子団）に順位を付ける。順位を決めたのち，一番順位の低い原子を向こう側に置く。図 1.20 で矢印を示した方向から分子を見るようにするということである。その結果，図の下段に示したように見える。この図で先ほど決めた優先順位にしたがって原子をたどっていく。そのとき，右回りにたどる場合を **R 配置**（R-configuration），左回りにたどる場合を **S 配置**（S-configuration）と規定する。このようにすれば，鏡像異性体の立体構造を規定することができる。

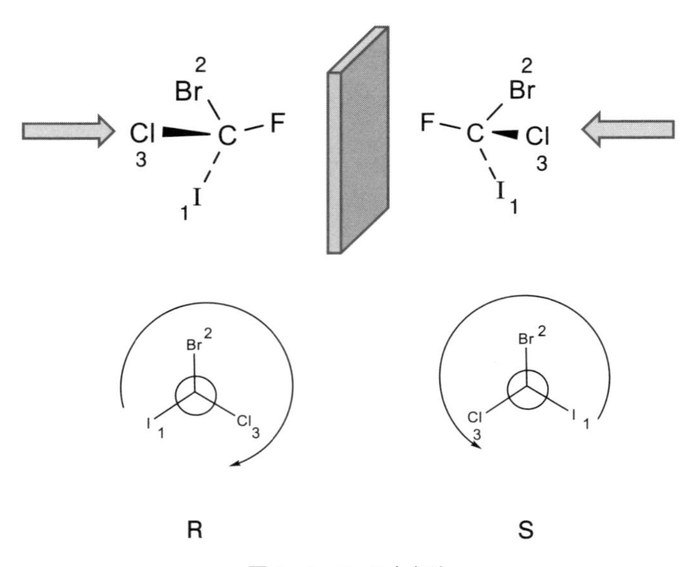

図 1.20　R，S 命名法

鏡像異性体間では，先ほど述べたように光に対する性質以外，沸点などの物性も反応性も基本的には差がない。このように書くと，化学的にはあまり重要でないことのように思われるが，しかし，そうではない。生体の中では非常に重要な働きをしている。4 章で説明するが，生体にとって必要なアミノ酸（正確には α-アミノ酸というべきである）は，一つのアミノ酸を除いて，すべてに不斉炭素が存在する。つまり，すべての α-アミノ酸は鏡像異性体をもちうる。しかも，生命に必要なアミノ酸はこの光学異性体のうちの一方だけである。自然界では，一方の異性体だけが使われている。アミノ酸からタンパク質が作られ，生命に必要ないろいろな働きをしている。鏡像異性体が生命活動の鍵を握っているといってもいいぐらいである。したがって，生体の世界では，鏡像異性体の違いは，物性に大きな違いをもたらしている。

具体的に，どのような違いをもたらしているのか，その例を**図 1.21** に示す。Linalool（リナロール）という炭素数 10 から構成される天然の有機化合物がある。この化合物には，図で示すように，不斉炭素原子が一つ存在している。このため，鏡像異性体がある。天然のリナロールは，＋の旋光度をもち，Sの立体配置である。甘い感じのにおいを有しており，さまざまな花のにおいの基盤となっている。この化合物の鏡像異性体R体のにおいはどうか。樹脂的なラベンダー様香気を有しており。S体とはまったく異なっている。

さらに，もう一つ例を挙げる。味覚の世界である。**図1.22**のL-グルタミン

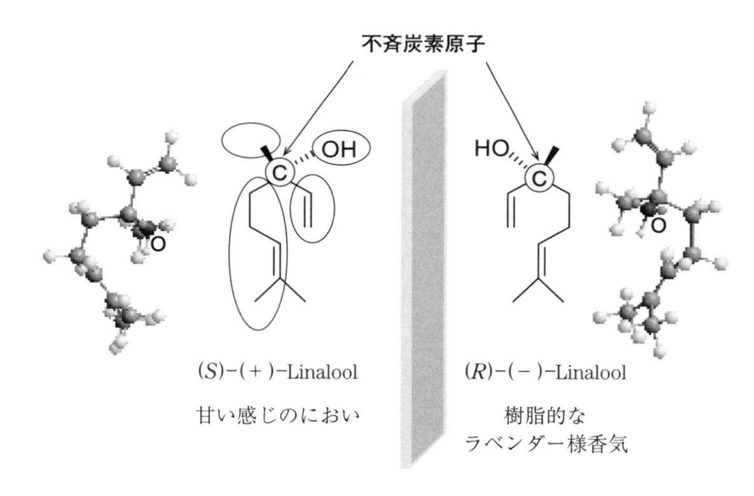

図1.21 光学異性体とにおいの違い

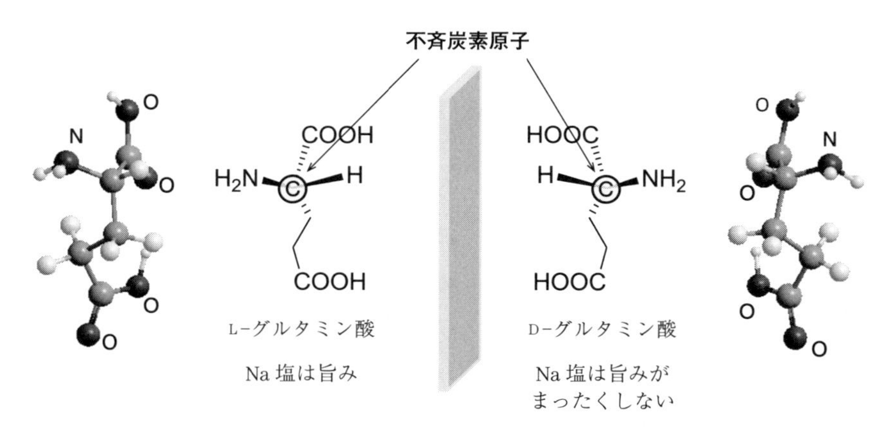

図1.22 光学異性体と味の違い

酸のNa塩は，よく知られた旨みのもとである。一方，この鏡像異性体は，まったく旨みを示さない。

このように，生体の世界では，明確な構造の違いである。

1.4.4 立 体 配 座

〔1〕 鎖状アルカンの立体配座

すでに述べたようにC=C二重結合を有する化合物（アルケン）では，幾何異性体が存在する可能性がある。それは，炭素と炭素が二重結合で結ばれているため，室温では相互に入れ替わることができないからである。入れ替わるためには，このC=C結合の二つの結合のうちのπ結合を切ってσ結合だけの単結合にならなくてはならない。つまり，両異性体間には結合をきるという大きなエネルギーの壁がある。このため，室温では二つの異性体は別々に存在している。一方，C–C単結合では，この結合を軸に回転をいくら行っても，結合に関係している軌道の重なりの大きさにはまったく影響しないため，つまりσ結合を保っていることができるため，幾何異性体のような大きなエネルギーで隔てられた異性体は存在しない。つまり，室温では，ぐるぐると回転している（そのことを**自由回転**（free rotation）と呼んでいる）。しかし，いくら自由に回転できるといっても少しの違いはある。このため，小さなエネルギーの違いをもった**配座異性体**（conformer）というものが存在する。エタン分子を例に説明する。

図1.23のエタン分子を矢印の方向から眺めた図を**ニューマン投影式**（Newman projection）の図という。この図では手前の炭素原子を点で，向こう側の炭素原子を大きなまる（○）で表示する。この図から隣接した二つの炭素原子に結合した水素原子の相対的位置関係の異なる状態がいくつも存在していることがわかる。これらの異なる状態の構造の違いを**立体配座**（conformation）と呼んでいる。立体配座を規定するのに，この図の隣接する炭素水素結合の関係を示す**二面角**（dihydral angle）というものが使われる。エタンの場合，H(1)–C(2)–C(3)–H(4) の結合において，1組みのH(1)–C(2)

–C(3) の三つの原子で作られる面ともう一つの C(2)–C(3)–H(4) の三つの原子で作られる面とのなす角が二面角になる。配座異性体の中で，二面角が 60°（または 180°）の場合を**ねじれ形**（staggered form），0°（または 120°）の場合を**重なり形**（eclipsed form）と呼んでいる。重なり形のほうが，隣接する水素原子が比較的近くにあるため，水素原子間の立体反発によって，ねじれ形より少しだけエネルギーの高い状態になっている。この配座異性による立体構造が立体配座である。一方，いままで説明した幾何異性や鏡像異性などのことは**立体配置**（configuration）といって区別している。

図 1.24 はエタンの二つの炭素原子をメチル基に置き換えたブタンについて

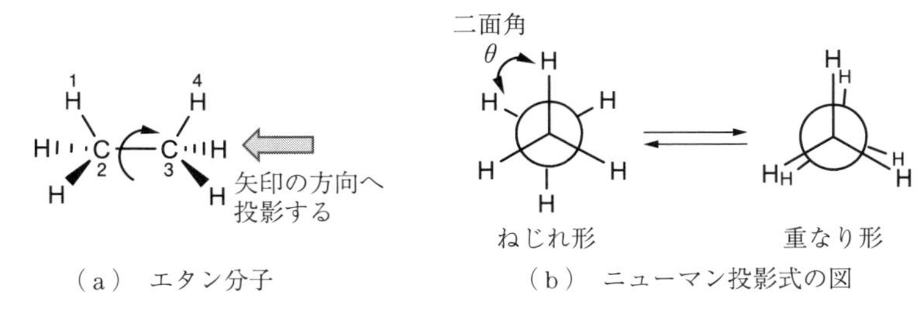

（a）エタン分子　（b）ニューマン投影式の図

図 1.23　エタン分子の立体配座

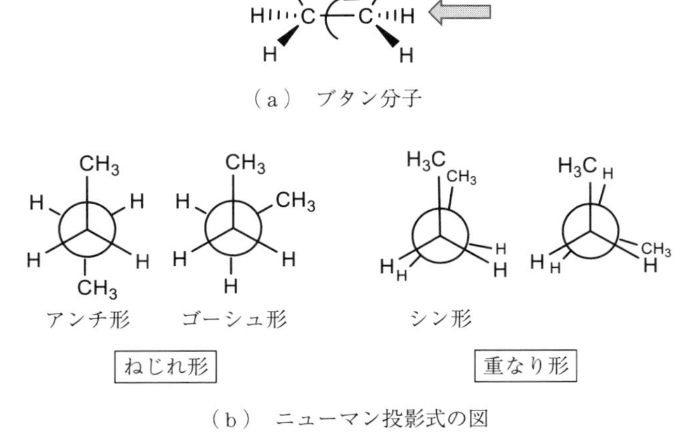

（a）ブタン分子

（b）ニューマン投影式の図

図 1.24　ブタン分子の立体配座

の立体配座の典型的な異性体を示してある。ブタンの場合には，ねじれ形と重なり形にそれぞれ二つの配座異性体が考えられる。特に，CH_3 と CH_3 が重なった重なり形では，水素原子どうしの場合よりも，より大きな立体的反発を生み，他の配座異性体よりも不安定になる。さらにこの場合のねじれ形には，2種類の典型的な配座が生じる。二つの CH_3 間の二面角が 180° の場合の配座を**アンチ形**（anti form），60° の場合を**ゴーシュ形**（gauche form）と呼んで区別している。この二つの配座異性体間ではゴーシュ形のほうがアンチ形より不安定である。一方，ねじれ形よりも不安定な重なり形のうち，図 1.24 のようにメチル基どうしが重なっている配基を**シン形**（syn form）と呼んでいる。

ブタン分子の場合，このように，重なり合う部分の構造が大きくなることによって，C–C 単結の結合周りの回転がしにくくなる。つまり，エタンに比べて配座異性体間のエネルギーの差が少し大きくなってくる。このようにして，CH_3 よりもさらに大きな原子団になっていくことで，C−C 単結合の回転がますます束縛されるようになり，室温でも配座異性体が別々に存在するようになってくる。しかし，このようなことはごくまれな場合で，通常は自由に C−C 単結合の周りを回転していることから，このような配座異性の区別は考える必要はないことが多い。

〔2〕 シクロヘキサンの立体配座

立体配座は，環状炭化水素の構造においてより重要になる。**図 1.25** には，炭素 6 個の環状炭化水素であるシクロヘキサンの典型的な配座異性体を示してある。シクロヘキサンには，炭素原子が無理なく正四面体構造をとることのできる配座として二つの配座が存在する。**いす形**（chair form）と**舟形**（boat form）である。この両者のうち安定な配座はどちらか。このことを図 1.25 のニューマン投影式の図で考えてみる。いす形では，すべてがねじれ形の立体配座になっている。しかし，舟形ではある部分が重なり形になっていることがわかる。さらに，舟形では図で示した水素原子どうしの立体ひずみも存在する。これらのため，いす形のほうが舟形より安定，つまりシクロヘキサン分子において最も安定な配座がいす形になる。

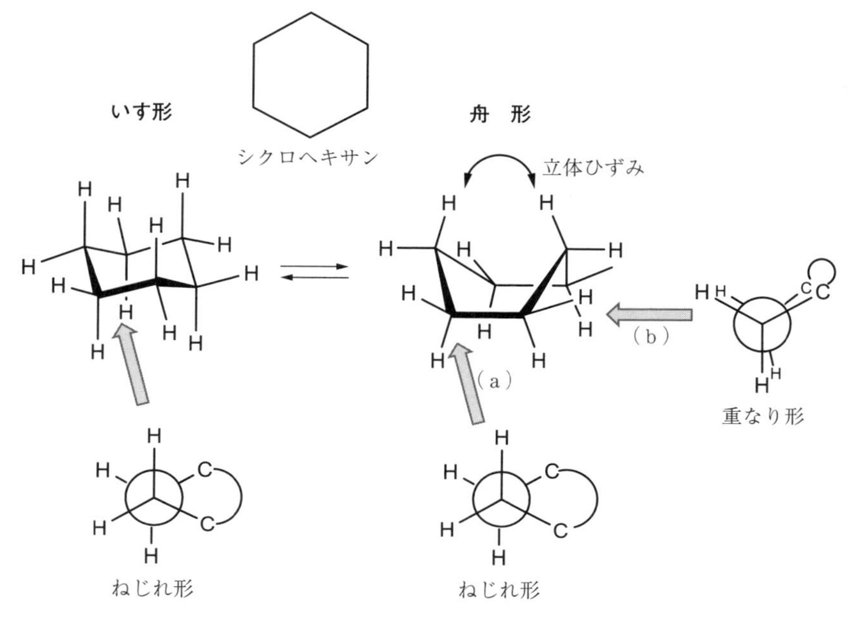

図 1.25　シクロヘキサン分子の立体配座

ここで，環状炭化水素化合物での炭素の数とその安定性について考えてみる。炭素が三つで環状になると 3 員環になる。3 員環を構成している炭素原子はどんな配座をとっても正四面体構造をとることができない（**バナナ結合**（banana bond）といった特別の結合をしている）。このためたいへんに不安定な構造で，環を開いて鎖状になる，つまり正四面体構造をとろうとする性質がある。このような性質を**歪み**（ひずみ）（strain）という。6 員環では，炭素原子が無理なく正四面体構造をとれるいす形や舟形になることで，歪みはほとんどなくなっている。

1.5　有機化合物の命名法

これまでに述べたように，有機化合物の分子は，炭化水素を骨組みにしてそこに官能基が組み込まれた構造を有している。有機分子を区別するために，有機化学の研究が始まったころには個々の分子に名前を付けていた。例えば，ベンゼンという名前はその代表例である。これ以外にもたくさんの化合物に名前が付けられていた。しかし，化合物の数が増えるに従って，このように個々の分子に一つひとつ異なった名前を付けることによって，さまざまな不都合が生じてきた。共通のルールなしに名前を付けた結果，化合物どうしの性質や構造の関係が，その名前を付けた分野の専門家でないとわからなくなってきた。そこで，**国際純正・応用化学連合**（International Union of Pure and Applied Chemistry，**IUPAC**）という国際機関が化合物の名前を付けるルールを決めた。現在では，**IUPAC 命名法**として確立され，この基準ですべての化合物の名前が付けられている。

IUPAC 命名法による有機化合物の名前の付け方を理解するには，分子の構造についての理解が必要である。具体的な有機分子について説明したほうがわかりやすいので，ここでは命名法の基本的な概念についてだけ述べることにする。

IUPAC 命名法による有機分子の名前の付け方の基本ルールの概略を**図 1.26** に示す。まず，有機分子の骨格を形作っている炭化水素分子について，炭素原子どうしがどのように結び付いているかを明示した名前を付ける。そのうえで，官能基が存在する場合には，その官能基の存在とその官能基が炭化水素分子骨格のどの部分に付いているのかを明示して名前を付ける（官能基について

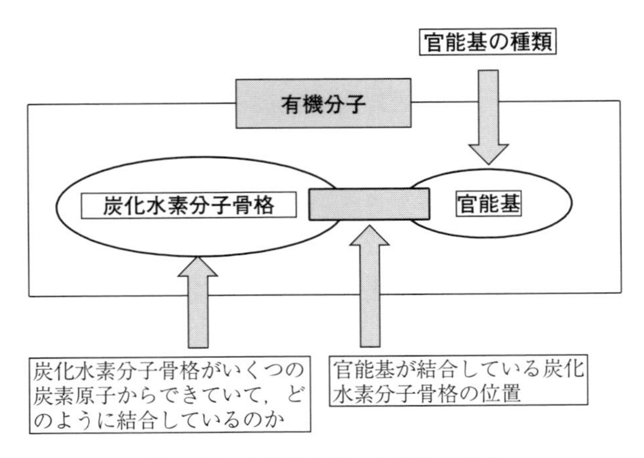

図 1.26　有機化合物の命名法の基本

は 2.1.1 項で詳しく述べる）。このとき重要な点は，炭化水素分子骨格を形成する炭素原子すべてにその分子中での固有の番号を決められた規則に従って割り振ることである。このように，IUPAC 命名法の基本は，炭化水素分子骨格の名前を付けるルールをしっかりと理解することである。この理解がしっかりしていれば，そこに官能基が付加してもその名前を付けるのはそれほど難しくない。

ここでは，ヘキサンとエタノールを例に IUPAC 命名法を説明する。

ヘキサン（hexane）の名前の付け方の概略を**図 1.27** に示す。すべての有機化合物の名前の付け方の基本は炭化水素の名前の付け方にある。まず，分子の骨格を作っている炭素原子の数を調べる。図 1.27 の分子では 6 個ある。炭素の数は 1 から以下のように名前を付けるように決められている。

1：メタ（metha），2：エタ（etha），3：プロパ（propa），4：ブタ（buta），5：ペンタ（penta），6：ヘキサ（hexa），7：ヘプタ（hepta），8：オクタ（octa），9：ノナ（nona），10：デカ（deca）

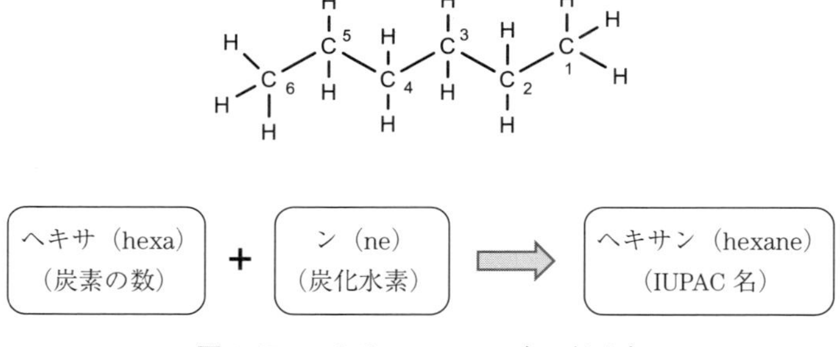

図 1.27　ヘキサンの IUPAC 名の付け方

図 1.27 の化合物では炭素の数は 6 であるからヘキサ（hexa）となる。そのヘキサのあとに炭化水素（厳密には飽和炭化水素）を示すン（ne）をつけてヘキサン（hexane）と命名する。

アルコールのような官能基をもっている有機分子の場合はどうなるか。基本は炭化水素構造である。命名する対象の有機分子から官能基を除いて水素原子に置き換えた炭化水素骨格を基本とする。**図 1.28** の場合にはエタン（ethane）

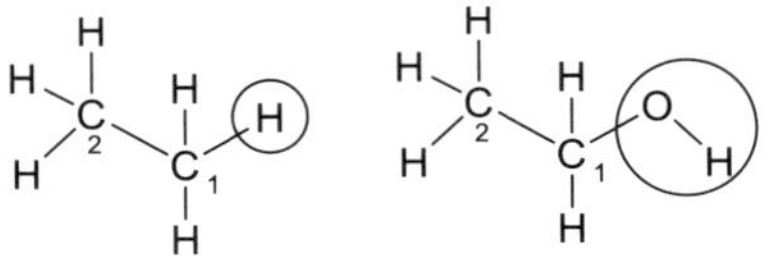

（a）エタン　　（b）エタノール

図 1.28　エタンとエタノールの IUPAC 名

になる。このエタンの名前は図 1.27 に示した方法と同じようにして付ける。つぎに，エタンの名前で炭化水素を表すン（ne）の部分をアルコールを表すノール（nol）に置き換える。こうして，名前はエタノール（ethanol）となる。そのほかの官能基を有する化合物，例えばアルデヒドでは炭化水素の名前の語尾をアール（al）に置き換えることによって命名する。ただし，この規則はすべての官能基に適応されるわけではなく，ハロゲン化物では，接頭語としてハロゲンの含有を示す。例えば，$ClCH_2CH_3$ クロロエタンとなる。このように，いくつかの規則によって化合物の名前は付けられている。

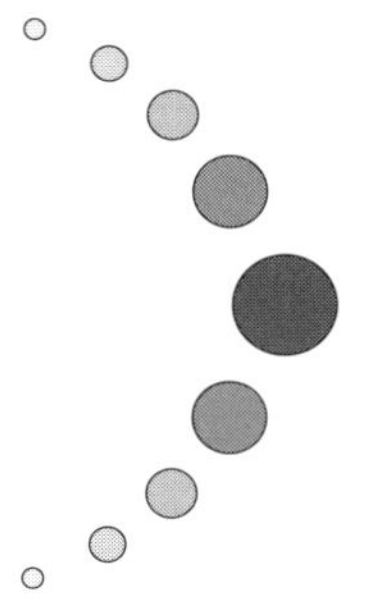

2 有機化合物の構造とその性質との関連

1章では，原子から分子がどのように作られているのかについて学んだ。この分子が集まって化合物が作られている。化学は，化合物の性質についての学問である。この世の中には，さまざまな有機化合物が存在する。エタノールや酢酸はその代表的な化合物であるが，その性質は，構成している分子の構造によって決まる。本章では，分子のもつ構造上のさまざまな特徴が，分子の性質とどのように結び付いているのかについて説明する。

2.1 官能基，親水性と親油性

2.1.1 官　能　基

有機化合物の分子は，おもに炭素原子と水素原子から骨格が作られ，その骨組みに**官能基**（functional group）と呼ばれる構造が組み合わさってできている。この官能基は，有機分子の性質に大きな役割を果たす原子または原子団（原子がつながったグループ）のことである。**表 2.1** に代表的なものを挙げる。本によっては，炭化水素骨格構造以外を官能基と呼ぶ場合もあるが，本書では炭化水素骨格を構成している部分も含めて官能基とする。

表 2.1 に示した官能基をもつ分子からなる有機化合物は，その官能基に応じて特徴的な性質を示す。具体的な分子で，官能基と化合物の性質について考えてみる。**図 2.1** に示す化合物はすべて同じ CH_3 の炭化水素構造をもっているが，それぞれ異なった官能基を有している。これらの一連の化合物の明確な性質の違いは，においである。メタノールは爽快なアルコール臭，アセトアルデヒドは刺激臭のあるにおいを示し，シックハウス症候群の原因物質の一つであ

表 2.1　有機化合物の代表的官能基

有機化合物名	官能基構造	官能基名	
アルカン	$>$C—C$<$	アルキル基（炭化水素基）	
アルケン	$>$C＝C$<$		
アルキン	—C≡C—		
アルコール	—C—O—H	ヒドロキシ基	
フェノール	R—O—H （R＝芳香環）		
エーテル	—C—O—C—	エーテル結合	
アルデヒド	—C(＝O)—H	ホルミル基	$>$C＝O カルボニル基
カルボン酸	—C(＝O)—O—H	カルボキシ基	
エステル	—C(＝O)—O—R （R＝アルキル基）	エステル結合	
アミン	—C—N(R)—R′ （R＝Hまたはアルキル基）	アミノ基	

る。また，酢酸は酸っぱいにおいを示すのに対して，酢酸メチルエステルは溶剤のにおいをもっている。一方，メチルアミンは，これらの化合物とはかなり異なった不快なにおいをもつ。一般にアミン系の化合物は，魚などの不快臭の原因物質である。このように，においは化合物の特徴的な性質である。さらに，これらの化合物の中で，酢酸は酸性を示すのに対して，メチルアミンは塩基性を示す。相反するこのような性質も官能基によってもたらされる。このように，官能基が有機化合物の性質の多様性の原因となっている。また，一つの

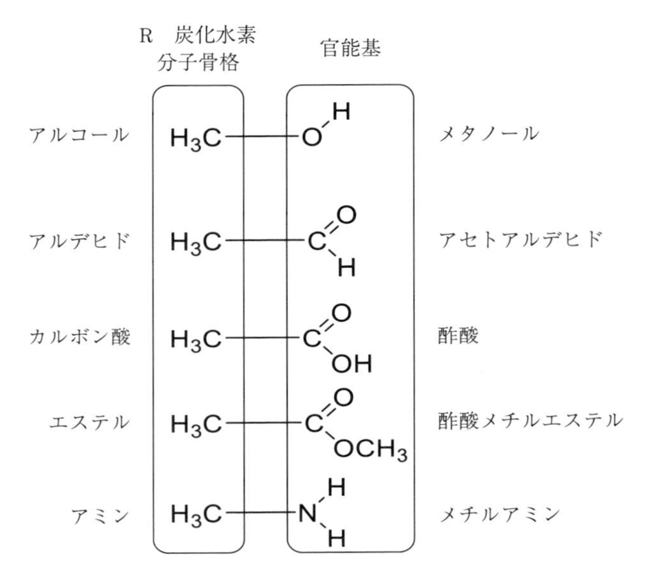

図 2.1 同じ炭化水素分子骨格 CH_3 をもった代表的な官能基を有する化合物

炭素骨格構造中に種々の官能基が存在した場合には，これらの官能基の性質が複雑に絡まりあって，その分子の複雑な性質となる。表 2.1 の化合物の炭素骨格のメチル基 CH_3 をもっと炭素鎖の長い炭化水素構造に変えた場合にはどうなるか，その場合には，官能基としての炭化水素の性質が強くなり化合物全体の性質に大きな影響を与える。そのことについては，次項において述べる。

2.1.2 水に溶けるものと油に溶けるもの（親水性と親油性）

有機化合物は分子を基本単位として作られている。したがって，沸点や融点の現象や化学反応など有機化合物にかかわることはすべて，分子をもとに考えればよく理解できる。溶けるということを分子の世界で考えてみる。

図 2.2 のようにある液体状態の物質 A に固体の物質 B を加える場合を考えてみる。二つの物質がそれぞれ別々にかたまって物質 A と物質 B との境界がはっきりしている図の（1）のような状態になっている場合とは，物質 B が物質 A には溶けていない状態になる。一方，（2）のように固体の物質 B を構成して

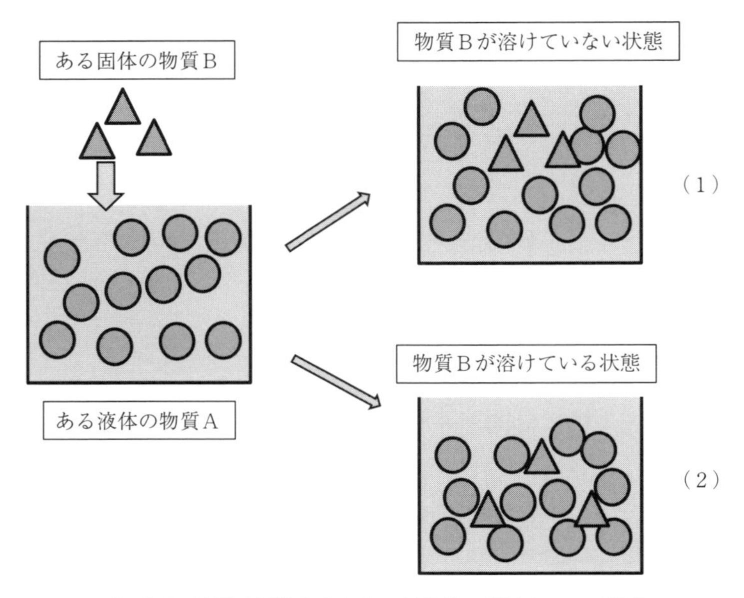

図 2.2　分子の世界から見た，溶ける，溶けない，の現象

いる分子がバラバラになった状態，つまり固体として集まった物質Bが存在していない状態，このような状態は物質Bが物質Aに溶けている状態になる。

(1)や(2)のような状態をもたらす原因は，物質Aと物質Bを形成している分子の形などの性質にある。相互に似た性質の場合は，集合して存在しているほうが安定である。もし，物質Aと物質Bとの分子の性質が似ている場合，物質Aは物質Bとも仲良く一緒に存在しているようになる。それが状態(2)の溶けるということである。逆に，性質が異なっている場合には，それぞれの物質ごとに集まっている状態のほうが安定なため，無理をして他の分子と仲良くすることはしない，つまり(1)の状態のように溶けていない。このような理由で，溶けたり溶けなかったりする。

以上の考えのもとで，分子が水と仲の良い性質をもつことを示す**親水性**(hydrophilic)と，油と仲の良い性質をもつことを示す**親油性**(oleophilic)を考えてみる。例えば，物質Aが水で物質Bが砂糖とする。砂糖を構成している分子は**図 2.3**のように水分子(H−O−H)と似た構造のヒドロキシ基(OH)

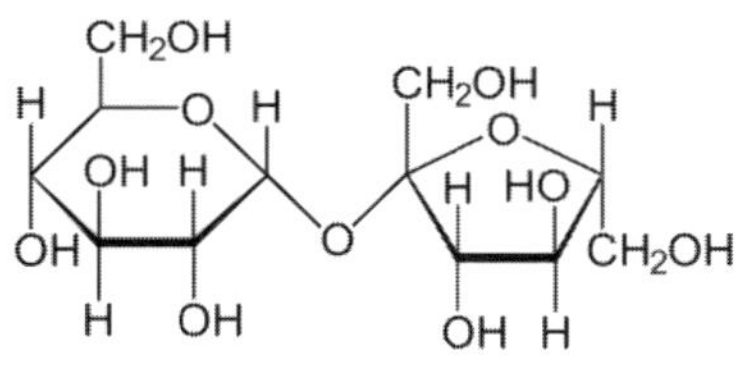

図 2.3　砂糖を構成している糖の分子

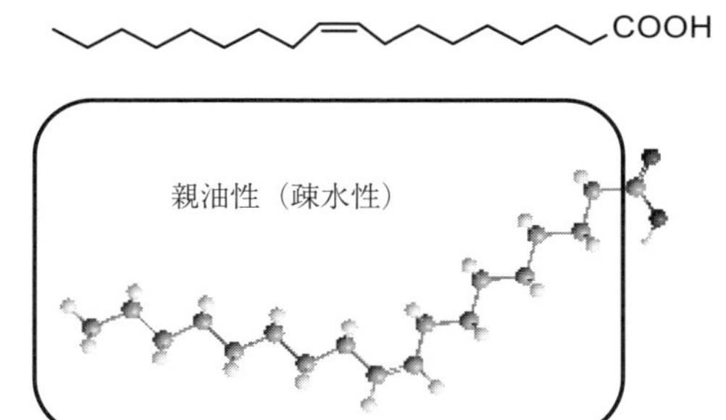

図 2.4　バターを構成している脂肪酸の一つであるオレイン酸の分子

をたくさんもっているため，水とたいへん仲が良い。この場合には，砂糖は水分子に囲まれて互いにいい関係を作り，水に溶ける。このようなとき砂糖を構成している分子のような性質を**親水性**という。一方，バターなどは水に入れてもそのままでは溶けない。つまり，バターを構成している分子（脂肪酸といい，バターは何種類かの脂肪酸からできている）は，**図 2.4** に示すように炭素原子が鎖状に長く結合した分子構造をもっている。カルボキシ基は，たいへん水と仲の良い官能基である。しかし，脂肪酸の母体骨格はとても長い炭素鎖でできているため，この骨格によって疎水性の性質が強く出ている。このため水とは仲が良くない。逆に，サラダ油や石油などとよく混ざる。このようなとき，バターを構成している分子のような性質を，**親油性**または水分子を嫌うので**疎水性**（hydrophobic）という。疎水性と親水性はほぼ同じ意味として使われている。実際の分子は，その分子の中に水と仲の良い構造（OH など）のところと水とは仲が悪く，逆に油と仲の良い構造（炭化水素構造）を併せもっている。したがって，親水性の部分と親油性の部分の力関係によって水にどれだけ溶けるかが決まってくる。一方，化学反応は，官能基の有無に依存する。

分子の炭素鎖の長さの異なる一連の分子で親水性と親油性のことを考えてみることにする。エタノールは，二つの炭素原子が結合した炭化水素 C_2H_5 にヒドロキシ基（OH）が一つ結合した化合物である。アルコールのヒドロキシ基の部分は親水性であり，炭化水素部分は親油性である。炭素の数が 2 個のエタノールと3個のプロパノールは水に任意の割合でよく溶ける。しかし，炭素の数がもう一つ増えた4個のブタノールでは，水100gに対して8gしか溶けない。さらに，炭素が一つ増えたペンタノールでは2gとなる。つまり，親油性の性質をもっている炭化水素構造が占める割合が増えていくにつれて，親油性の性質が強くなり，逆に親水性の性質が弱くなっていく。しかし，分子にヒドロキシ基をさらに一つ加えると，つまり炭化水素部分の水素原子の代わりにOH基が入ったアルコール（一つの分子中に二つのヒドロキシ基をもっている）になると，親水性の部分が増えるため再び水に対する溶解度が増してくる。その究極の分子が図2.3の糖の分子になる。分子中にヒドロキシ基がなんと8個もある。そのため，炭素骨格構造の親油性の性質は消され，親水性の性質が前面に押し出される。その結果，水によく溶ける。このように，有機分子の性質は分子全体の構造から考えなくてはならない。ところで，このような性質の変化は，**図2.5**の示す一連のアルコールの系では，においの違いとして明確に観察される。エタノールから炭素鎖が伸びていくに従い，つまり分子全体の親油性が増すに従って，油のようなにおいが強くなってくるのである。

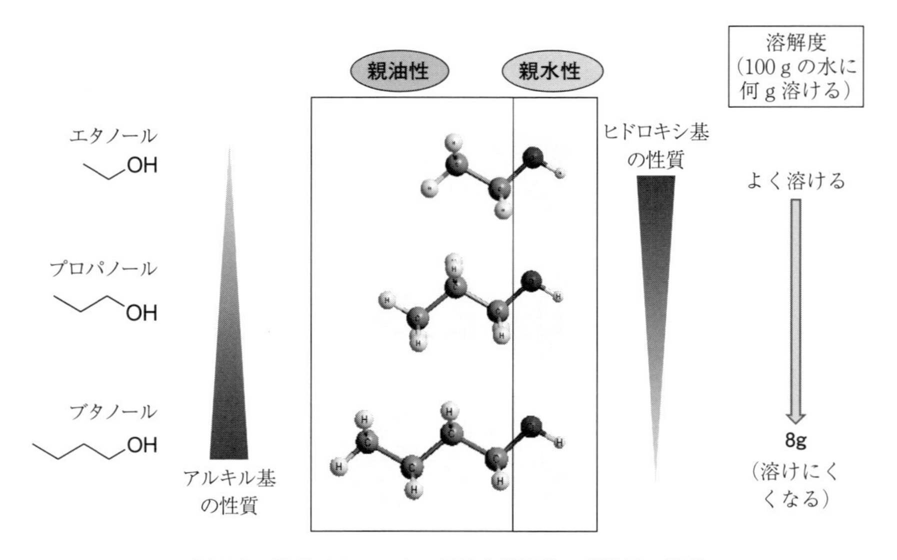

図2.5　鎖状アルコールの構造と親油性，親油性の関係

このように，有機分子の親水性と親油性といった性質は，異なった分子間の相互作用によってもたらされる性質である。例えば，エタノール分子は，エタノール分子どうしも水素結合によって結び付いている。一方，このエタノールを大量の水の中に入れると，水分子とエタノールのヒドロキシ基が相互に結び付く。この性質が親水性である。しかし，ブタノールの分子では，親油性の炭素骨格が分子構造上に占める割合が大きくなり，分子全体として，親水性から親油性へその性質が変化していくのである。つぎに，同じ分子どうしの相互作用によってもたらされる性質，沸点と融点について考えてみる。

2.2 分子間相互作用 ── 分極した結合：沸点の違いを生じる原因 ──

固体の物質を温めると溶けて液体になり，さらに温めると沸騰して気体になる。これらの現象を，分子の世界からあらためて考えてみる。

分子が互いに引き合ってぎっしりと詰まっている状態が**固体**，その状態が少し緩んだのが**液体**，そして分子と分子の間のつながりがなくなって，分子が空間を自由に動き回っている状態が**気体**になる。固体から液体になる温度が**融点**（melting point），液体から気体になるのが**沸点**（boiling point）である。これらの変化は，熱の力によって分子どうしがくっつきあっている状態が引き離されて，順々にばらばらな状態になっていく変化である。つまり，分子と分子とが結び付いている力が強く働いているときには固体でいられるが，熱を加えることで，分子がエネルギーを得てその結び付いている力を振り払っていき，液体そして気体となっていくわけである。この分子どうしを結び付けている力のことを**分子間力**（intermolecular forces）といい，この力をもたらす分子どうしの影響を**分子間相互作用**（intermolecular interaction）という。

有機化合物を構成している分子は，必ずしも完全に電気的に中性な分子ばかりではない。分子を構成している原子や官能基によって分子中に電荷のわずかな偏りを有している分子（**極性分子**（polar molecule）という）とほとんど電荷の偏りがない分子（**無極性分子**（nonpolar molecule）という）の二つのタイプに大きく分けることができる（**図 2.6**）。図中の $\delta+$ というのは，わずかな + の電荷を有していることを意味し，ギリシャ文字の δ を用いて $\delta+$ と書く。極性分子が相互に近付いた場合，分子の間には電気的に + と − の電荷が引き合うことによって生じる分子間力が働く。この分子間力を，**静電引力**（electrostatic attraction）（**クーロン力**（Coulomb's force））と呼んでいる。一方，無極性分子の分子間には静電引力は働かない，その代わりに，分子どうしが近付くことによって，**ファンデルワールス力**（van der Waals force）と呼ばれる分子間力が生じる。このファンデルワールス力は，静電引力に比べて弱い分子間力であるが，化合物の沸点や融点を決めるうえで重要な要因になっている。

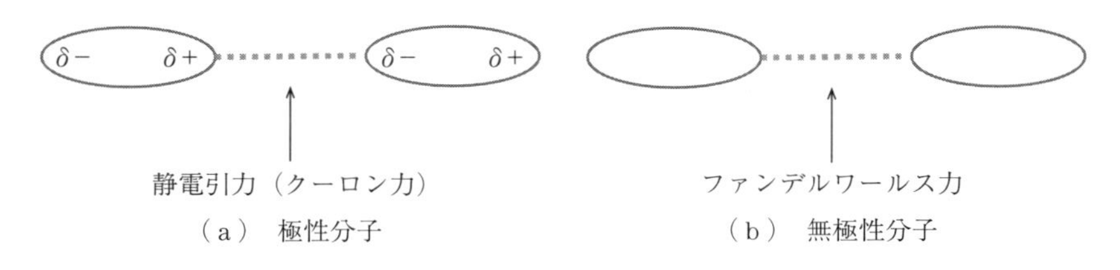

図 2.6　有機化合物の分子間力

2.3　分極した結合

2.3.1　極性分子 —— 極性をもつ結合 ——

分子は，原子が結合して作られている。有機化合物を構成している分子の原子どうしはそれぞれ電子を出し合って電子を共有し，基本的に共有結合によって結び付いている。この結合を構成している原子によっては，共有している電子が結合している原子の片方に引き寄せられることがある。つまり，結合が分極するといったことが起きる。このような性質を**極性**（polarity）という。

結合はどんな場合に極性をもつのか。炭素と炭素の単結合（C–C 結合）のように同じ原子どうしの場合には，共有されている電子は，両炭素原子間に均等に共有されている。つまり，結合電子の偏りはなく，極性を有していない。しかし，炭素と塩素などの別の原子 X との単結合 C–X の場合には，共有されている電子に偏りが生じる。つまり，極性をもつようになる。その原因は，原子によって電子を引き付けやすいものとそうでないものがあるからである。この原子が電子を引き付けようとする傾向を見積もる尺度として，アメリカのポーリング（1901 ～ 1994 年）は**電気陰性度**（electronegativity）という数値を提唱した（**表 2.2**）。値が大きいほど電子を引き付ける力が強いことを示す。電気陰性度が最大の原子は，フッ素である，同一周期では右に行くほど，同じ族では上に行くほど増大する。つまり，周期表で右に行くほど，そして上に行くほど，電子を自分のほうに引き付ける力が大きくなる。なお，不活性気体（18 族）は基本的には分子を作らないので電気陰性度の値はない。

表 2.2 ポーリングの電気陰性度

周期	1 族	2 族	13 族	14 族	15 族	16 族	17 族	18 族
1	H 2.1							He
2	Li 1.0	Be 1.6	B 2.0	C 2.5	N 3.0	O 3.5	F 4.0	Ne
3	Na 0.9	Mg 1.2	Al 1.5	Si 1.8	P 2.1	S 2.5	Cl 3.0	Ar

図 2.7 のような炭素と塩素の単結合（C–Cl 結合）を考えてみる。炭素の電気陰性度が 2.5 であるのに対して塩素は 3.0 と大きな値である。つまり，炭素に比べて塩素は電子を強く引き付け，その結果，図のように C–Cl 結合の電子は Cl 原子のほうに引き付けられ，塩素原子が少し − の電荷を帯び（$\delta-$），それに伴って炭素原子は少し + の電荷（$\delta+$）をもつようになる。つまり，C–Cl の結合に関係している電子にわずかな偏寄りが生じ，その結果，結合が分極するようになる。

先ほど述べたように分極した分子間には静電引力（クーロン力）が働く。この力はファンデルワールス力に比べて強い力である。したがって，液体状態で

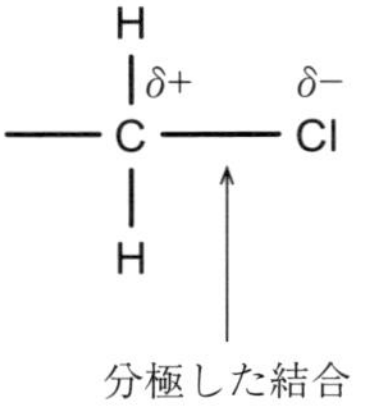

図 2.7　分極した結合

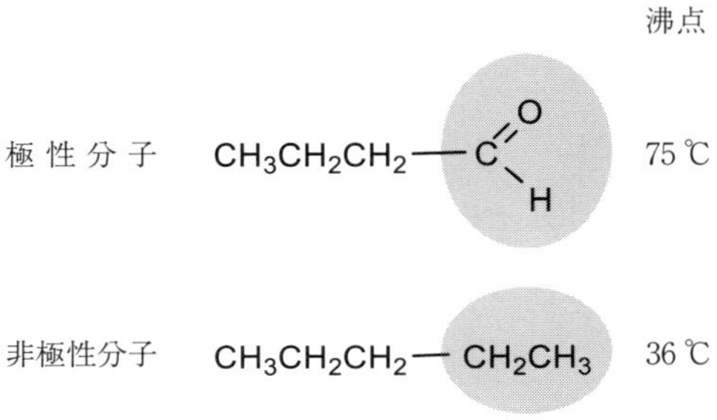

図 2.8　分子量の等しい極性分子と非極性分子の沸点

の分子どうしの結び付きは極性分子のほうが非極性分子よりも大きくなり，分子どうしを引き離すのが困難になってくる。その結果が，分子の沸点の上昇となって現れてくる。**図 2.8** の極性をもった分子は，分子全体で電荷の偏りが少しある。この分子は，C=O 二重結合の酸素が $\delta-$，炭素が $\delta+$ となり分極しているため極性分子としての性質をもっている。このわずかな分極のため，分子と分子との間に引き合う静電引力が生じる。このため，図に示してあるように同じ分子量の非極性分子である鎖状炭化水素に比べてかなり高い沸点をもっている。

融点の場合にも，このような分子間力が重要な影響を与えている。しかし，固体の場合には，液体のときほど単純ではない。分子の形によっては，分子を密に詰めることができるようになる。密に詰まるということは，分子どうしの接触する範囲が広がることになり，その結果，分子どうしの相互作用が強く働くようになる。つまり，分子どうしが強く結び付くようになり，その結果，固体から液体になりにくくなり融点が高くなる。このように，単純に極性の有無だけでは融点は決まらない。

2.3.2　非 極 性 分 子

図 2.9 には，同じ分子式を有する鎖状炭化水素の三つの異性体の沸点を示してある。これら三つの化合物の沸点は（a）から（c）にいくに従って低くなっている。この違いの原因も分子間に働く力である。これらの分子は基本的

にほとんど電荷の偏りがない非極性分子であるが，先ほど述べたように，非極性分子でも分子が近付くことによってファンデルワールス力という力を生じる。この力は，分子どうしが近付くことによって生じることから，分子どうしが効率よく接近し，分子間の接触面積が大きければ大きいほど強く働くようになる。したがって，分子間に働くこの力を考えるには，分子がどんな形をしているかを知る必要がある。

実際の分子の形を見るために各原子の大きさを以下で述べるように扱う。原子は + の電荷をもった原子核の周りを − の電荷をもった電子が覆っている。このため，原子どうしはある距離以上は近付くことができない。このようなほかの原子が近付くことのできるその原子の最小の大きさを**ファンデルワールス半径**（van der Waals radius）という。このことを考慮して図 2.9 の分子を立体的な分子模型で表現すると**図 2.10** のようになる。この図を見るとそれぞれの分子の形がよくわかる。（a）から（c）になるにつれて分子の形が球状に近付いている。

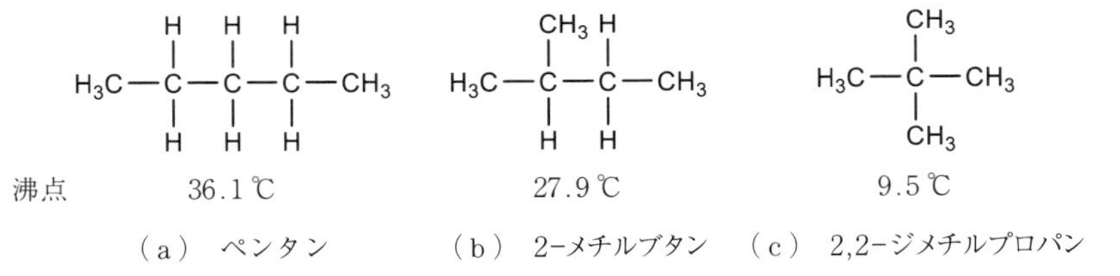

図 2.9　分子式 C_5H_{12} の 3 種類の構造異性体（a）から（c）の構造式と沸点

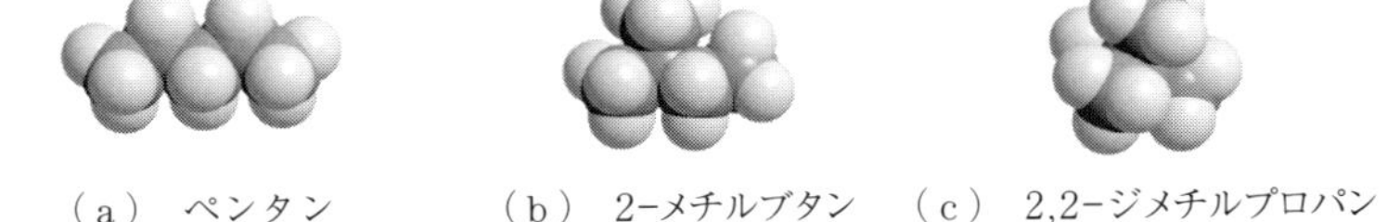

図 2.10　分子式 C_5H_{12} の 3 種類の構造異性体（a）から（c）の原子の大きさを考慮した分子模型

図 2.11 では，図 2.10（a）と図 2.10（c）のそれぞれの分子どうしが一番接触している状態を模式的に示す。ペンタン分子どうしのほうが，（c）の分

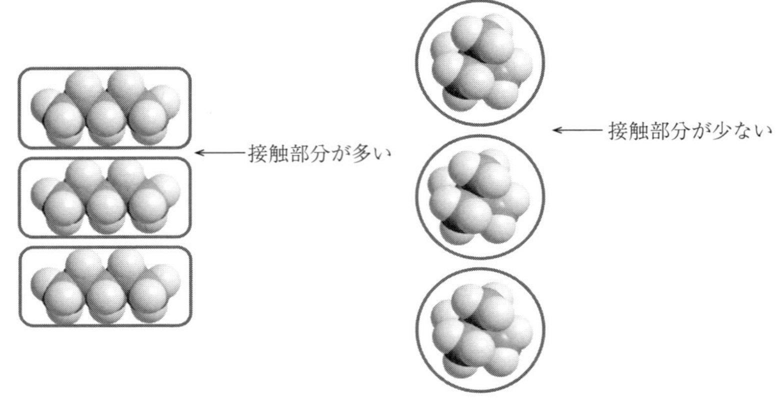

図 2.11　構造異性体（a）から（c）の分子間の接触の様子

子よりも，はるかに分子どうしが接触している面積が広いことがわかる。つまり，（a）のほうが（c）よりも強いファンデルワールス力が働いていることになる。このため，（a）の沸点が（c）の沸点より高くなっている。

2.3.3　水素結合を有する分子

先に述べた二つの重要な分子間力に加えて，もう一つ重要な**水素結合**（hydrogen bond）と呼ばれる分子間力がある。**図 2.12** に代表的な水素結合を示す。ヒドロキシ基（OH），アミノ基（NH）ともに電気陰性度から考えて図のように分極した結合である。ここで，重要なことは水素原子が酸素原子や窒

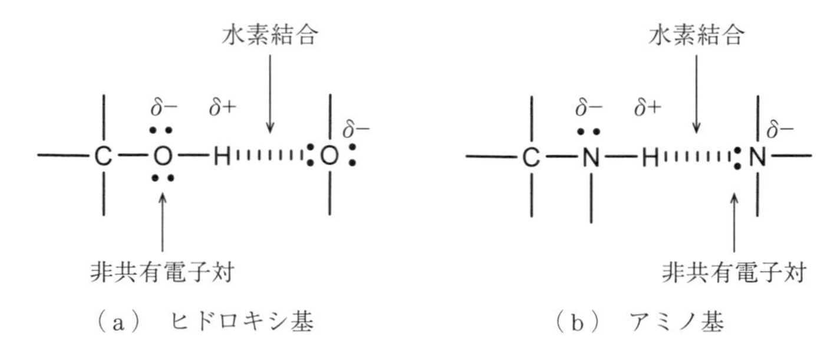

図 2.12　水 素 結 合

素原子に比べてその原子の大きさがかなり小さいということである。酸素原子や窒素原子に結合電子が引き付けられた結果，水素原子はかなり H^+ に近い状態になる。そこにもう一つの分子の酸素原子や窒素原子が近付くとその非共有電子対を受け入れようとする。つまり，水素原子を仲介に強い相互作用が生じる。この分子間力によって生じた強い相互作用が水素結合である。水素結合は，先に述べた二つのいずれの分子間力よりも大きい。このため，水素結合を作りうる分子は，高い沸点を示す。

図 2.13 のようにエタノールは，ほぼ同じ分子量の炭化水素であるプロパンに比べてかなり高い沸点を示す。このことは，水素結合がいかに強い結合であるかを示している。実際のエタノールの溶液中では，**図 2.14** のように相互に水素結合によって強く結び付いている。ところで，水は分子式 H_2O の小さな分子である。しかし，その沸点は 100 ℃にもなりエタノールよりも高い沸点を

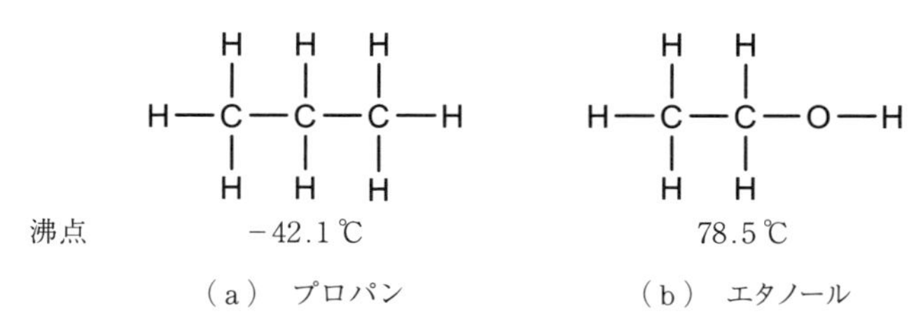

図 2.13　ほぼ同じ分子量の水素結合のある分子とない分子の沸点

図 2.14　エタノール分子間の水素結合の様子の模式図

有している。それは水分子が，分子のすべての原子が水素結合できる構造である H–O–H の構造をもっているためである。エタノールは，先に述べたように，疎水性の炭素骨格構造を有しているため，その骨格部分には，水素結合の力は及ばず，分子全体としても結び付きの低下を招き，その結果が，水よりも低い沸点となっているのである。

2.4 共 役 と 共 鳴

共役と共鳴は，いずれも有機化合物の構造上の特徴を表現するのになくてはならない用語である。基本的に分子の同じ構造に基づく性質であるが，そのとらえ方が異なっている。そのため，この両者を混同して使っていることが多い。

ブタジエンは，分子中に二つの二重結合をもっている。そして，その二重結合は，隣接している。ところで，二重結合の二つの結合のうちの一つは p 軌道の側面の重なりによって炭素原子と炭素原子とが結合を作っている π 結合であることは，すでに説明した。**図 2.15** をよく見てみると，炭素 2 の p 軌道の隣には二重結合を形成している炭素 1 の p 軌道のほかに炭素 3 の p 軌道がある。つまり，軌道を見てみると炭素 2 と炭素 3 の間にも π 結合が存在してもおかしくない。実際にこの分子の炭素 1 と炭素 2 は二重結合と単結合の中間（厳密には少し二重結合の性質のほうが大きい）の性質をもっており，一方，炭素 2 と炭素 3 の間の単結合には二重結合の性質が加わっている。この原因

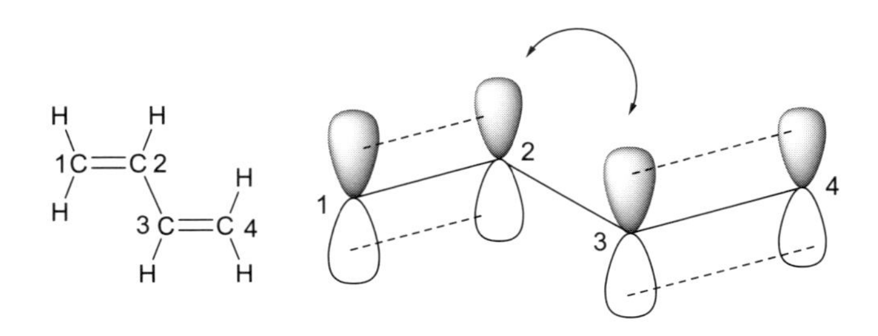

図 2.15　ブタジエンの化学結合

は，二つの二重結合が隣接していることにある。このような場合に，C1−C2の二重結合とC3−C4の二重結合は**共役**（conjugation）しているという。このような分子の構造は**図2.16**のように表現される。

$H_2C{=\!=\!=}CH{=\!=\!=}CH{=\!=\!=}CH_2$

$H_2C{=}CH{-}CH{=}CH_2 \longleftrightarrow H_2\overset{+}{C}{-}CH{=}CH{-}\overset{-}{C}H_2$

ブタジエン

（a）　　　（b）

図2.16　共役ブタジエンの構造の表記の仕方

実際のブタジエンの分子構造は（a）でも（b）でもなく，（a）と（b）の**共鳴混成体**（resonance hybrid）として存在している。このような考え方を**共鳴**（resonance）という。（a）や（b）のことを**共鳴構造**（resonance structure）（または**限界構造式**（canonical formula））という。

2.5　芳香族化合物

図2.17（a）に示すヘキサトリエンは，三つの二重結合が交互に存在している。このヘキサトリエンの末端をつなげると図（b）のようにシクロヘキサトリエンになる。ところで，ヘキサトリエンは，二重結合が共役していることから，もともと二重結合の部分はその結合距離は少し長くなっており，もともと単結合の部分は少し短くなっている。つまり，単結合の性質をもった二重結合と，二重結合の性質をもった単結合がつながった構造をとっている。しかし，いずれにしても図のように二重結合と単結合が交互に結合して環構造を形成している。したがって，単純に考えれば，このシクロヘキサトリエンは，歪んだ

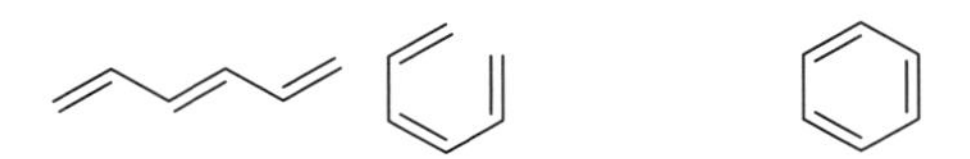

（a）ヘキサトリエン　　（b）シクロヘキサトリエン

図2.17　ヘキサトリエンとシクロヘキサトリエン

六角形の構造をもっていると考えられる。しかし，実際の分子はすべての結合が等しい正六角形の形をしている。

このシクロヘキサトリエンは，二重結合に特有な付加反応を示さない，つまりたいへん安定なベンゼンという化合物である。このようなベンゼンの特別な構造とその安定性をもつ性質のことを**芳香族性**（aromaticity）と呼び，ベンゼン構造を含んだ一連の化合物を**芳香族化合物**（aromatic compound）といっている。

図 2.18 に示したようにヘキサトリエンの末端の 1 位と 6 位が結合して環状になることで 1 位と 6 位の間にも軌道の重なりによる共役が起きる。そして，環状になることによって，二重結合に関与している π 電子が環状をぐるっと 1 周することが可能になる。その結果，環全体で 6 個の π 電子を均等に共有して強固なつながりの結合を形成する。これが芳香族性のもとである。

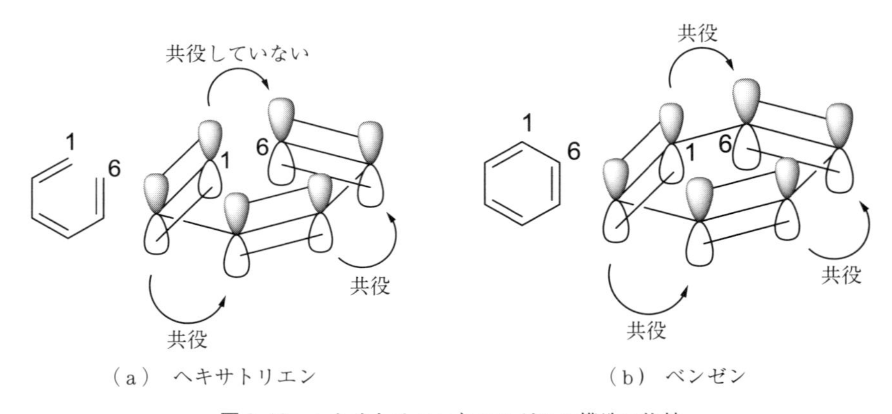

図 2.18　ヘキサトリエンとベンゼンの構造の比較

このような状態のベンゼンの構造を表現するのに共鳴の考え方を用いて，**図 2.19** のようにベンゼンの構造は表現される。ベンゼンは，図（a）の右の構造でも左の構造でもなく，二つの構造の共鳴混成体である。または，共役によって π 電子が環状に均等に分布していることを示して図（b）のように表現することもある。

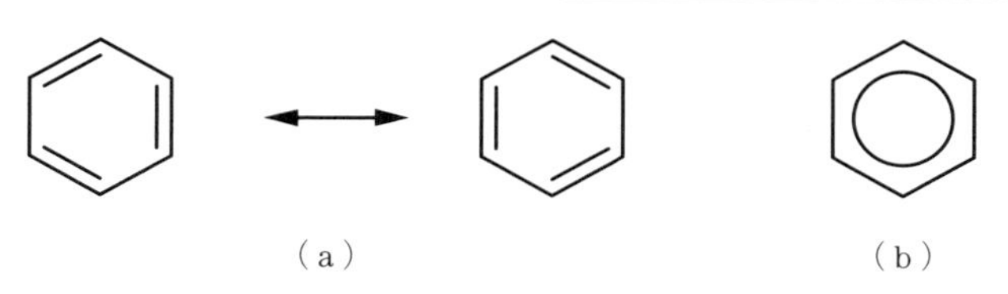

図 2.19　ベンゼンの構造の表示方法

2.6　酸　と　塩　基

図 2.20 に示す化学平衡反応には，化合物 A と化合物 B が反応して化合物 C と化合物 D を生成する反応と同時に，それと逆に化合物 C と化合物 D が反応して化合物 A と化合物 B が生成する反応の両方の反応が存在する。そのことを図のような 2 本の矢印で表す。このような状態を化合物 A，B と化合物 C，D とは**平衡状態**（equilibrium state）にあるという。

$$\mathrm{A} + \mathrm{B} \rightleftharpoons \mathrm{C} + \mathrm{D}$$

図 2.20　化学平衡反応

この平衡状態は式 (2.1) に示した平衡定数 K で規定される。

$$K = \frac{[\mathrm{C}][\mathrm{D}]}{[\mathrm{A}][\mathrm{B}]} \qquad [\mathrm{A}]\text{はAのモル濃度} \tag{2.1}$$

[　] はそれぞれの物質の濃度で，通常モル濃度が使われる。図 2.20 で化合物 A，B から化合物 C，D に反応が進むと K の値は大きくなる。このとき，平衡が右に移動したという。通常，この系に外から何も分子が入ってこず，温度が変化しなければ K の値は一定になる。有機化合物の酸と塩基は，図 2.20 の化合物 A と化合物 B に相当する。この平衡の考え方で，有機化合物の酸性や塩基性を考える。

代表的な酸性の物質である硫酸 H_2SO_4，塩基性の物質である水酸化ナトリウム NaOH は，いずれも無機化合物である。水に溶け，きわめて高い酸性度や塩基性度を示す。有機化合物でも酸性の物質としてよく知られているものに酢酸がある。しかし，その酸性度は硫酸などに比べたら桁違いに小さい。そのことは，酢酸を水に溶かしたときの状態を考えることによって理解することができる。硫酸などの無機物は水の中では100％電離して，イオン（HSO_4^-およびH^+など）になっている。しかし，酢酸などの有機化合物では**図2.21**のように水分子との間に平衡状態が存在し，すべてが酢酸イオンにはならない。

酸		塩基		共役塩基		共役酸
CH_3COOH	+	H_2O	$\rightleftharpoons$	CH_3COO^-	+	H_3O^+
酢酸		水		酢酸イオン		オキソニウムイオン

図2.21　酢酸の酸塩基の関係

この平衡状態は式（2.2）の平衡定数Kで記述される。$[CH_3COOH]$は酢酸のモル濃度を示す。平衡が右にいくほど式（2.2）の分子部分が大きくなりKの値が大きくなる。

$$K = \frac{[CH_3COO^-][H_3O^+]}{[CH_3COOH][H_2O]} \tag{2.2}$$

ところで，図2.21のような系では，水分子が圧倒的に大量に存在している。したがって，分母の大きさの変化に対する水の変化はほとんどないと見なせる。したがって，分母は酢酸の濃度の変化と見なすことができる。このように，水分子の濃度$[H_2O]$はほとんど変化していないと見なすことができるため，$[H_2O]$を左辺に移行して$K[H_2O]$を用いてこの系の平衡の状態を記述するほうが実用的である。この$K[H_2O]$をK_aと書いて**酸解離定数**（acid dissociation constant）と呼んでいる（式（2.3））。

$$K_a = K[H_2O] = \frac{[CH_3COO^-][H_3O^+]}{[CH_3COOH]} \tag{2.3}$$

$$pK_a = -\log K_a \tag{2.4}$$

この解離定数の値はきわめて小さいため，通常その常用対数を用い，式（2.4）で定義されるpK_aという値がこの平衡系を記述するのに使われている。

酢酸が水の中で酸性を示すということは，酢酸が水分子にH^+を与える能力があるということになる。一方，水分子はH^+を受け取ることができる。このようなH^+の授受が成立する場合，H^+を与える分子を**酸**（acid），H^+を受け取る分子を**塩基**（base）という。このような酸塩基の定義が**ブレンステッド・ローリーの酸・塩基定義**（Brønsted–Lowry acid and base theory）である。酢酸は，H^+を完全に水分子に与える力はない。しかし，ある程度は与えることができ，その程度は先に述べたpK_aという数値で表す。有機化合物では一般に，このように水分子との間で酸塩基平衡が存在する。その平衡が右に行くほど強い酸ということになる。ところで，図2.21の平衡式の右辺について見てみると，酢酸イオンはオキソニウムイオンからH^+を受け取り，オキソニウムイオンは酢酸イオンにH^+を与えている。つまり，ブレンステッド・ローリーの酸・塩基定義では，酢酸イオンは塩基に，そしてオキソニウムイオンは酸として働いていることになる。このような場合，図のようにもとの酸・塩基に対して**共役塩基**（conjugated base），**共役酸**（conjugated acid）と呼んでいる。有機化合物における酸塩基は酸性分子と塩基性分子との間のH^+の授受の平衡として理解される。

有機化学でよく使われる酸と塩基の捉えかたに，**ルイスの酸・塩基**（Lewis acid and base）の定義がある。**図2.22**でのオキソニウムイオンの生成について考えてみる。水分子H_2OとH^+とが反応してH_3O^+が生成する。水分子はH^+を受け取っているので，ブレンステッド・ローリーの酸・塩基定義で確かに酸である。ここで，水分子はその構造のどの部分でH^+を受け取っているのかを見てみることにする。図のように水分子の酸素原子の非共有電子にH^+が付加してH_3O^+が生成している。つまり，水分子が電子対を供与している。逆に，H^+は電子対を受け取っている。このように電子対の授受によって（H^+の授受ではなく）酸塩基を規定する。これがル

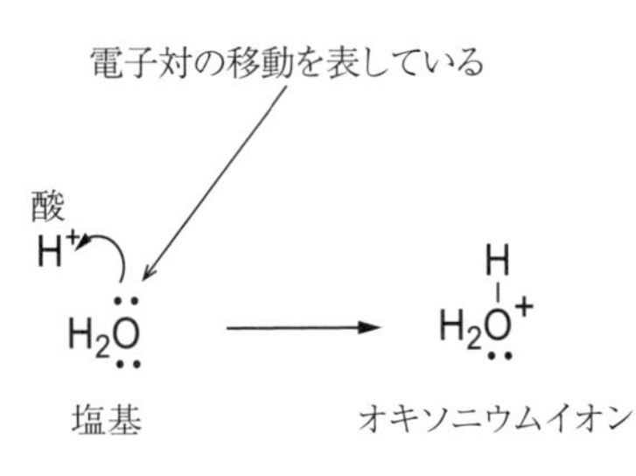

図2.22 酸，塩基としてのH_2OとH^+

イスの酸・塩基の定義である。

この定義によって，ブレンステッド・ローリーの酸・塩基定義よりももっと広い分子について酸と塩基の考えを適応することができるようになる。

ここで述べた酸塩基の定義以外に，もっと一般に広く知られている酸性と塩基の定義がある。**アレニウスの酸・塩基**（Arrhenius acid and base）**の定義**である。H^+を出す分子を酸，OH^-を出す分子を塩基と定義している。この定義を含めて**表 2.3** にまとめておく。

表 2.3　いろいろな酸・塩基の定義

定義	酸	塩基
アレニウスの酸・塩基	H^+を出す分子	OH^-を出す分子
ブレンステッド・ローリーの酸・塩基	H^+を与える分子	H^+を受け取る分子
ルイスの酸・塩基	電子対を与える分子	電子対を受け取る分子

2.7 互　変　異　性

図 2.23（a）の化合物は，二つのケトン（C=O）構造が炭素一つを挟んで存在している 1,3−ジケトンという構造を有している。この化合物は，図（b）で示したようにエノール構造の化合物に一部が変化している。つまり，ケトン構造の化合物とエノール構造の化合物とが平衡の関係で行ったり来たりしている。この系では，室温でケトン構造が 24 %，エノール構造が 76 %の割合で存在していることがわかっている。

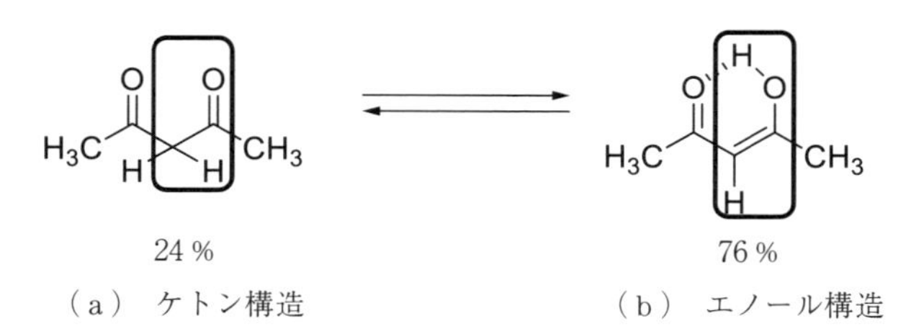

（a）　ケトン構造　　（b）　エノール構造

図 2.23　ジケトンの二つの構造異性体の間の平衡

このようなケトン構造を有する化合物とエノール構造を有する化合物との間の平衡関係を一般的に表すと**図 2.24** のようになり，このような平衡関係を**ケト-エノール互変異性**（keto-enol tautomerism）と呼んでいる。

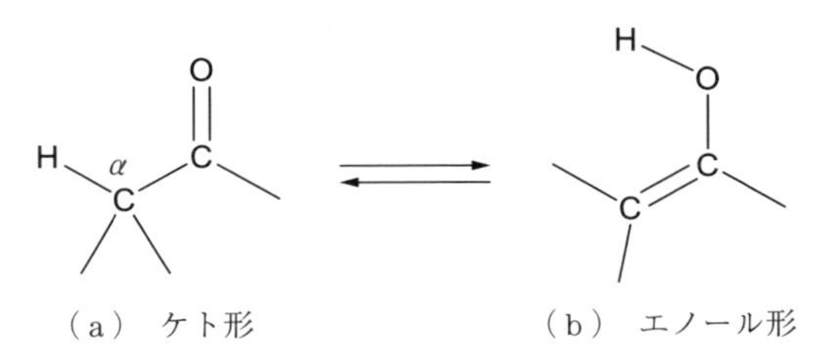

図 2.24 ケト-エノール互変異性

このケト-エノール互変異性は，図 2.23 のような系にだけしか見られない現象ではなく，図 2.24 のように C=O の隣の炭素（α 位の炭素）に水素原子があれば起こりうる現象である。ただし，一般的にはケト形のほうがエノール形よりも安定なため，**図 2.25** のように圧倒的にケト形で存在している。しかし，この平衡の存在が化学反応において重要な役割を果たしている。のちほど，3 章の反応のところで詳しく述べるが，エノール構造で反応するタイプの反応がある。この反応では，平衡でわずかに存在するエノール構造が反応し，反応の進行に従って，少しずつケト構造からエノール構造が供給され，最終的には，すべて反応してしまうということになる。

O
H_3C CH_3
99.999 999 %

OH
H_3C CH_2
0.000 001 %

（a）

O
H
H
99.999 9 %

OH
0.000 1 %

（b）

図 2.25 ケト-エノール互変異性の具体例

3 有機化合物の反応
── 有機化合物の相互変換 ──

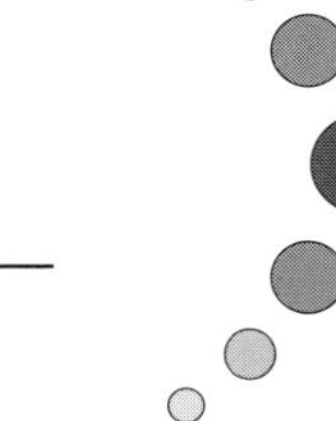

初めに述べたように，有機化学とは有機化合物の性質について学ぶ学問である。1 章と 2 章では，有機化合物の構造上の特徴について説明し，それに伴った沸点などの物理的な性質について説明した。ところで，私たちの生活にはさまざまな有機化合物が使われている。また，私たち生命にもさまざまな有機化合物が必要である。これらの有機化合物は，有機化合物のもつさまざまな性質を利用した有機化合物相互の変換によって作られている。この相互の変換こそが有機化合物の反応である。本章では，有機化合物の性質がどのようにかかわって反応が起こるのかについて説明する。

反応の視点から有機化合物の分子は，**図 3.1** に示すようにとらえることができる。おもに炭素原子 C と水素原子 H によって有機化合物の分子の基本骨格構造が作られ，そこにヒドロキシ基 OH のような官能基が結合している。有機化学の反応は，基本骨格構造の変化と官能基の変化の二つの要素から構成されている。

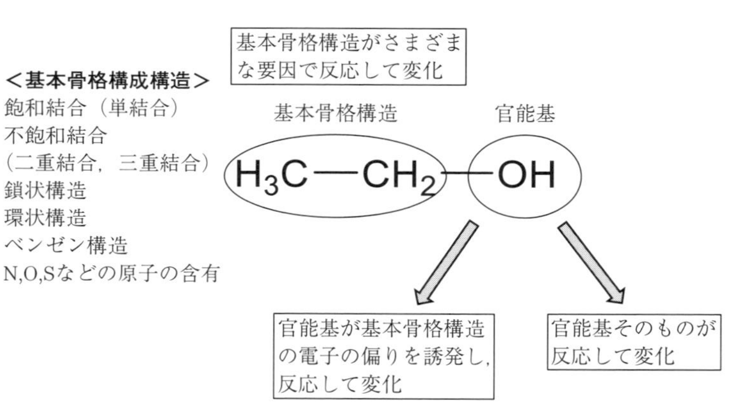

図 3.1　有機化合物の反応部位

有機分子の基本骨格構造を構成している構造のうち，炭素原子Cと炭素原子Cが飽和結合（単結合）によって結び付けられた構造と，ベンゼン環という正六角形に炭素原子Cが結び付いた平面構造は，多くの有機分子の基本構造になっている。これらの構造のC−C結合やC−H結合を切断するには，膨大なエネルギーが必要になる。つまり，この2種類の構造はたいへん安定である。これらの構造を変換させることはたいへん困難なことのように見えるが，官能基の助けや不飽和結合の導入によって，その分子骨格に含まれているC−C結合やC−H結合の開裂が可能になる。その結果，新たなC−C結合などの形成につながる。つまり，反応を起こし別の分子になる。一方，官能基そのものは，結合の電荷の偏りなどによって，先に述べた2種類の構造に比べて，その分子中に含まれている結合は容易に開裂し，官能基そのものの変化により，別の化合物へと変換される。このように，基本骨格構造と官能基のそれぞれの変化またはこれらの二つの要素の組合せの変化が，有機化学のさまざまな反応のもとになっている。有機化学の教科書には，たくさんの反応が記載されている。このため，暗記の分野と思われがちである。しかし，有機化学の反応の原因は，分子を構成している結合の性質にある。化学反応にかかわっている化合物の結合についての性質がわかれば，最終的にどんな化合物ができるのかが予想できる。以下，個々の反応について，説明する。

3.1　炭化水素構造からなる化合物（脂肪族炭化水素）の反応

まず，有機化合物の基本である炭素原子Cと水素原子Hだけから構成されている化合物の反応について説明する。このグループの有機化合物には，ベンゼン環を有する**芳香族炭化水素**（aromatic hydrocarbon）も含まれるが，ここでは，ベンゼン環を含まない炭化水素類である**脂肪族炭化水素**（aliphatic hydrocarbon）について述べる。

脂肪族炭化水素は，炭素と水素だけから構成されている分子である。したがって，水には溶けにくく，油にはよく溶ける，いわゆる脂溶性である。一般に油と呼ばれるものであり，そのにおいは脂肪臭である。油のようなにおいであり，その疎水性を表しているにおいといえる。においにおいても，有機化合物の基本である。このにおいは，分子の骨格構造の変化によっても変化するが，OH などの親水性の官能基の導入によってもにおいの特徴の明確な変化が現れる。このことについては，のちほど述べる。

2 章で述べたように有機化合物の骨格を形成する炭素–炭素結合には 3 種類存在する（**図 3.2**）。炭素と炭素が一つの結合，つまり単結合だけで結ばれている化合物を脂肪族炭化水素，**アルカン**（alkane）という。そして，この分子に二重結合があるものを**アルケン**（alkene），三重結合が含まれているものを**アルキン**（alkyne）と呼んでいる。また，アルカンを**飽和脂肪族炭化水素**（saturated aliphatic hydrocarbon），これに対して二重結合や三重結合を含んでいるものを**不飽和脂肪族炭化水素**（unsaturated aliphatic hydrocarbon）とも呼ぶ。この飽和と不飽和という分類こそ，これらの結合に起因する反応性の大きな違いを意味している。その例を**図 3.3** に示す。最も基本的なアルキンであるアセチレンの三重結合の二つの π 結合のうちの一つに水素が付加することで，三重結合は二重結合になる。つまり，アルカンのアセチレンからアルケン

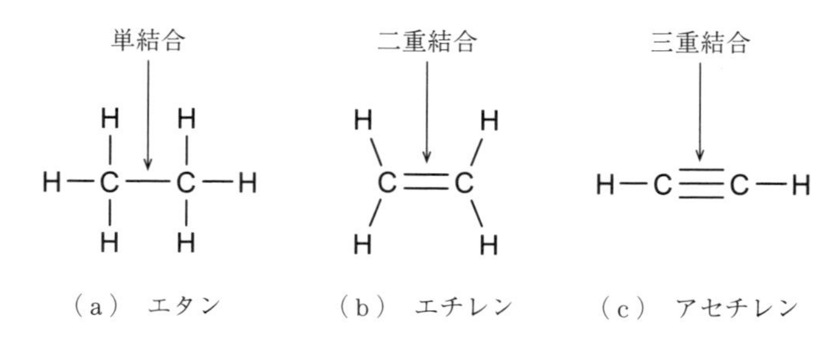

図 3.2　有機化合物を構成する分子の基本的な結合様式

$H-C\equiv C-H \xrightarrow{+H_2} H_2C=CH_2 \xrightarrow{+H_2} H_3C-CH_3$

アセチレン　　エチレン　　エタン

図 3.3　アセチレンへの水素添加によるエチレンそしてエタンへの変化

のエチレンに変換される。さらに，エチレンの二重結合のπ結合にもう1分子の水素が付加することで，最終的には，すべてσ結合の化合物，つまりアルカン（飽和炭化水素）のエタンになる。この例からわかるように，飽和炭化水素化合物は，不飽和炭化水素に比べて，たいへん安定な分子である。まず，脂肪族炭化水素の中で最も安定なアルカンの反応から説明する。

3.1.1　飽和脂肪族炭化水素の反応

アルカンを構成しているすべての結合は単結合（σ結合）である。炭素両原子によってがっちりと結合電子が共有されているため，結合が切れて他の分子になることは容易ではなく，きわめて大きなエネルギーを必要とする。したがって，**図3.4**のように，燃やす，高温加熱，そして光照射などの大きなエネルギーを加えて初めてσ結合が切れて，別の分子に変わるか，ほかの分子と反応して，新しい分子を生成する。燃焼では，有機分子の基本構造骨格が壊れ，二酸化炭素と水になってしまう，つまり，有機化合物でなくなってしまう反応である。もちろん，有機分子がもっている特徴的なにおいは完全になくなってしまう。

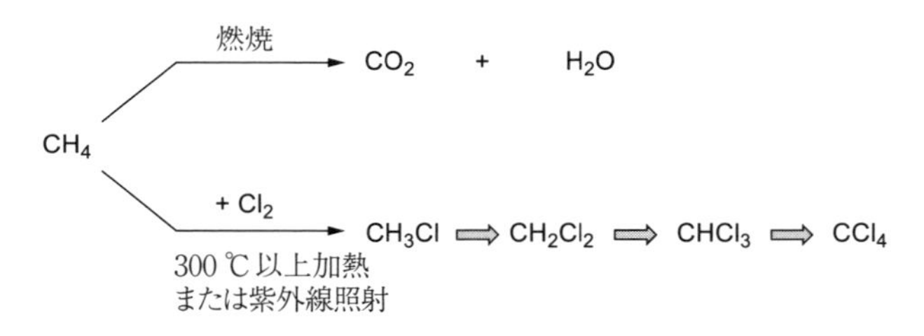

図3.4　飽和脂肪族炭化水素メタンの代表的な反応

通常の有機化学の反応は，有機化合物を他の有機化合物に変換することを目的にしている。したがって，有機分子が壊れてしまうような過酷な条件での反応は行わない。むしろ，いかに穏やかな反応条件で望む変換を実現させるかに多くの努力が注がれている。

3.1.2 不飽和脂肪族炭化水素の反応

不飽和脂肪族炭化水素は，どのような反応を起こすかは，その分子構造から予想することができる。ここでは，二重結合を分子中に含んでいるアルケンについて説明する。**図3.5**にはエチレン分子の二重結合を，軌道を用いて表現してある。すでに述べたように，二重結合は二つの種類の結合，σ結合とπ結合からなる。σ結合は非常に強固な結合である。この結合が関与した反応が進むには，先ほど述べたように，光照射などの大きなエネルギーが必要である。しかし，π結合はσ結合に比べて弱い結合で，図に示してあるようにそのπ結合を形成しているπ電子は，エチレン分子の上下に広く分布している。そのため，H^+などのマイナスの電荷を求める求電子試薬が近付く条件が整っている。つまり，二重結合は求電子試薬と反応する可能性をもっている。このように，アルカンは，反応性が非常に乏しいが，ここに二重結合が組み込まれた化合物アルケンでは，その二重結合のπ結合が求電子試薬と反応して，π結合がσ結合に変わって新たな化合物になる。これがアルケンの代表的な反応である。

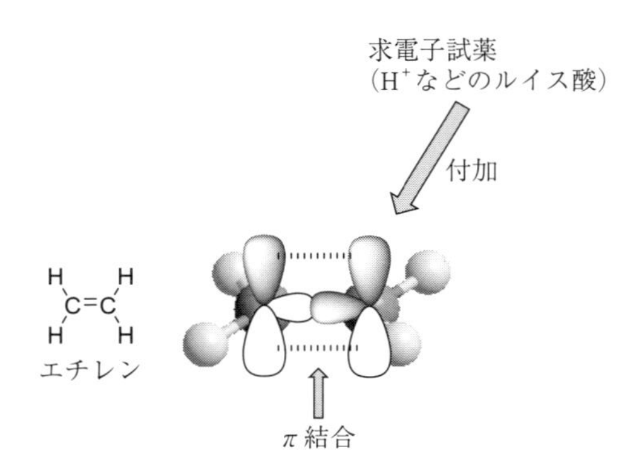

図3.5　π結合にある C=C 二重結合の反応性

代表的な例が脂肪族炭化水素アルケンへのハロゲン化水素の付加反応である。**図3.6**に示すように臭化水素分子 HBr が二重結合のπ結合と反応して，すべて単結合（σ結合）の生成物（A）を与える。詳しいことは後で説明するが，HBr が形式的にH^+とBr^-になり，H^+が二重結合に付加したのちBr^-と反応して生成物を与えると考えることができる。このとき，初めの二重結合への

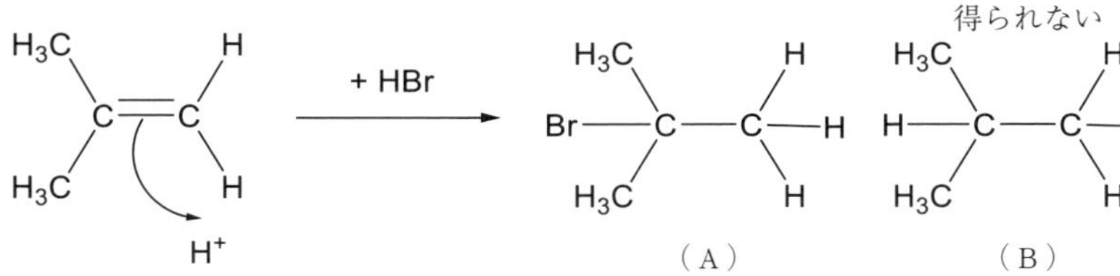

図 3.6 アルケンへの臭化水素の付加反応とその反応機構

H^+の付加により生成する σ 結合の位置の違いで，（B）の化合物もできる可能性がある。しかし，実際は得られない。なぜか，その理由を考えるには，この付加反応がどんな仕組みで進んでいるかを考える必要がある。つまり，出発物質に試薬がどのように作用して，どのような過程を経て，最終生成物にたどり着くかのプロセス，**反応機構**（reaction mechanism）を考えることが重要である。反応機構を考えることによって，反応がどんな条件で進行しやすいのか，どのような副生成物が生成する可能性があるのかについての知見が得られる。

反応機構を考える前に，図 3.6 の左側の構造における，二重結合と H^+との間にある曲がった矢印の意味について説明する。この曲がった矢印は電子対の移動を表す。化学反応は，結合が切れたり，生成したりして分子が別の分子になることである。ところで，前に説明したように，結合のもとは電子対である。したがって，電子対がどのように移動していくかを見ることが，化学反応を見ることになる。

図 3.6 のアルケンと臭化水素との反応は，二つのステップを経て生成物に至る。分子 H–Br の σ 結合では，水素原子よりの臭素原子のほうが電気陰性度が大きいため，結合電子が臭素原子に偏り，H がプラス（+）性を帯びている。このため，二重結合の π 電子に HBr 分子が近付くと，H^+として出発物質のアルケンの二重結合の π 電子へ付加し，二重結合の一つの炭素原子と新たに C–H の σ 結合を形成する。その際にアルケンの π 結合の π 電子が使われる。その結果もとのアルケンのもう一つの炭素は，いままで π 結合の形成に使っていた電子が H^+に奪われ，その結果 + の電荷をもつようになる。こうして $(CH_3)_2C^+-CH_3$ という + の電荷を帯びたカルボカチオン中間体という不安定な化学種が生成

する。この中間体は，炭素が三つの手で原子と σ 結合で結び付き，もともと π 結合に関与していた電子は水素原子との σ 結合形成に使われるため，結合電子が何もなくなる。つまり，カルボカチオン中間体は，電子がない空の p 軌道を有した**図 3.7** のような構造をもっている。この中間体のプラス + の電荷を帯びた炭素原子にマイナス − の電荷をもった Br^- が付加することで，最終的に図 3.6 の（A）の化合物が生成することになる。では，化合物（B）はというと，出発物質のアルケンの二重結合のメチル基が結合していない炭素原子に H^+ が付加した $(CH_3)_2CH-\overset{+}{C}H_2$ のタイプのカルボカチオン中間体を経て，この中間体に Br^- が付加して生成する化合物である。つぎに，なぜ，（B）が得られてこないのかの理由を説明する。

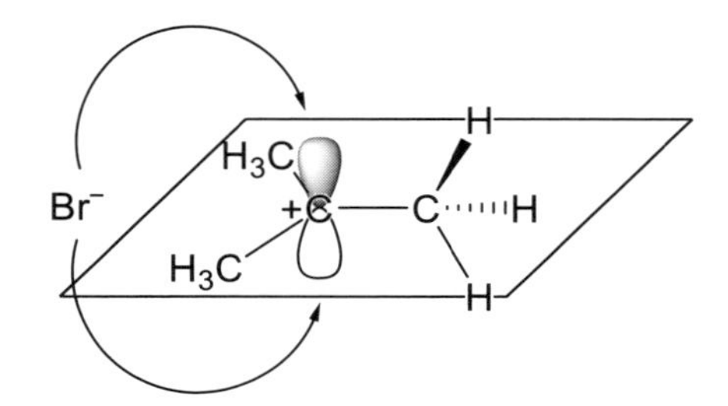

図 3.7　カルボカチオン中間体の構造

カルボカチオンは**図 3.8** に示すようにメチル基（CH_3 基）のようなアルキル基（炭化水素のアルカンを置換基として考えるとき**アルキル基**（alkyl group）と呼ぶ）が多く置換するほど安定になる。

安定化の理由は，カチオンの隣の炭素に結合した水素原子との間の σ 結合の σ 電子のカチオンの空の p 軌道への電子の流込み（**誘起効果**（inductive effect）

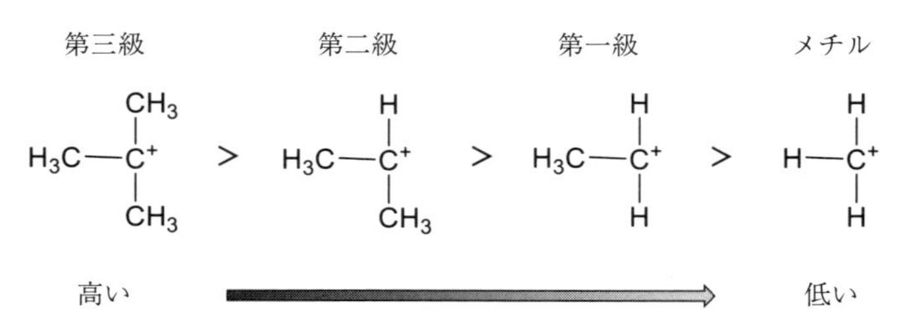

図 3.8　カルボカチオンの安定性

という）によりプラス（+）性が減少する効果と，炭素に結合した水素原子との間の σ 軌道とカチオンの p 軌道との共役（**超共役**（hyperconjugation）と呼ぶ）による効果の二つの効果のためである（**図 3.9**）。このようにしてカチオンが安定化を受けているため，図 3.8 で示したような順番になる。

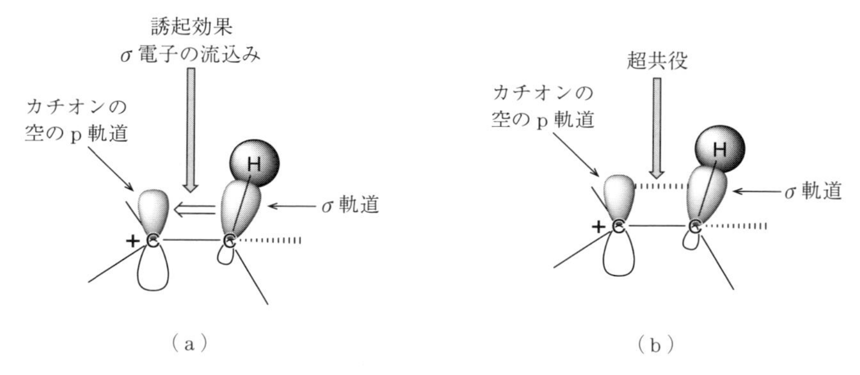

図 3.9 カルボカチオンの安定性の理由

炭素原子に三つの炭化水素基（アルキル基）が結合した化合物を第 3 級，二つの炭化水素基が結合したものを第 2 級，一つしか結合していないものを第 1 級という。なお，1 級，2 級，3 級という呼び名は，これら炭化水素基以外の置換基が付いた場合にも使う。例えば，OH 基が結合して残りがすべて炭化水素基の場合は第 3 級アルコール，順次第 2 級アルコール，第 1 級アルコールとなる。

以上述べたことを念頭に，図 3.6 の反応の機構の詳細を示した**図 3.10** を説明する。アルケンの二重結合の π 結合への H^+ の付加によって，新たな C−Hσ 結合が生成し，同時に電子が空の p 軌道が生じる。そして，H^+ の付加する炭素原子 C の違いによって，図に示した二つのカルボカチオン中間体の生成が考えられる。（A）の生成物を与えるカルボカチオン（X）（アルケンの二重結合 C-2 への H^+ の付加により生成）の C^+ には二つの CH_3 が置換している。しかし，（B）の生成物を与えるカルボカチオン中間体（Y）（アルケンの二重結合の C-1 への H^+ の付加により生成）の C^+ には一つもない。つまり，図

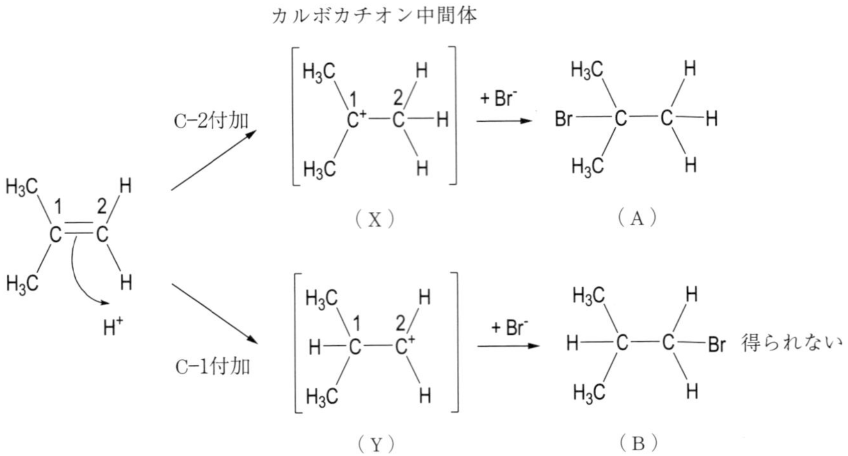

カルボカチオン中間体

C−2付加

C−1付加

+ Br⁻

（X）　（A）

（Y）　（B）

得られない

図 3.10　アルケンへの臭化水素の付加反応機構

3.8 で説明した理由から，カルボカチオン中間体（X）のほうがカルボカチオン中間体（Y）より安定である。反応は，安定な中間体を経る経路で進むほうがエネルギー的に得をするため，（X）の中間体を経る経路での反応が優先される。つまり，カルボカチオン中間体の安定性の違いが，この反応の選択制を決めていることになる。このように，どのように反応が進行しているのかという反応機構を考えることによって，どのような生成物が得られてくるかが推測される。

ところで，二重結合への親電子試薬の付加反応のうち，臭素の付加反応には特徴的な現象がある。環状のアルケンであるシクロヘキセンへの臭素付加反応を用いて説明する。**図 3.11** にこの反応の詳しい反応機構を示す。この反応では，二つの臭素原子 Br の相対的な位置関係の違いによって，つまり二つの臭素原子 Br が六員環に対して互いに反対側にあるトランス体と同じ側にあるシス体の 2 種類の幾何異性体の生成が考えられる。実際の反応では，選択的にトランス体だけを生成する。その理由を反応機構で説明する。まず，二重結合の π 電子と臭素が反応しカチオン中間体（ブロモニウム中間体）が生成する。このとき生成するカチオン中間体は，図 3.7 と同様の構造の中間体は生成しな

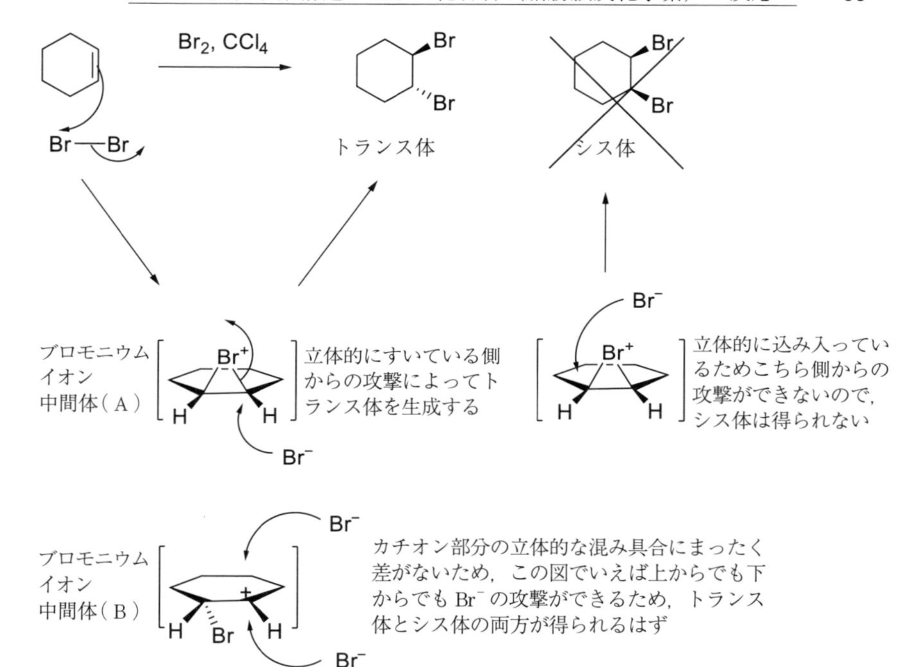

図 3.11 シクロヘキセンに対する臭素の付加反応とその反応機構

い。代わりに，図 3.11 で示した三員環構造の中間体（A）を生成することがわかっている。この中間体では，図で説明してあるように，三員環の存在が Br^- の攻撃を阻み，その攻撃方向に制約が生じる。この制約のため，この中間体への Br^- の攻撃は，三員環とは反対側から進み，その結果，二つの臭素原子 Br がトランスの関係にあるトランス体が優先的に生成することになる。

同じ不飽和炭化水素であるアルキンの三重結合は 2 本の π 結合をもっているため，基本的にはアルケンのような付加反応が 2 度起こると考えればよい。**図 3.12** のように，一つめの π 結合に臭素 Br_2 が付加する。その結果，π 結合が一つなくなって二つの C–Brσ 結合が生成し，二重結合を一つもったアルケンになる。このアルケンの二重結合にさらに臭素 Br_2 が付加して，最終的にすべてが単結合のアルケンのハロゲン化体になる。

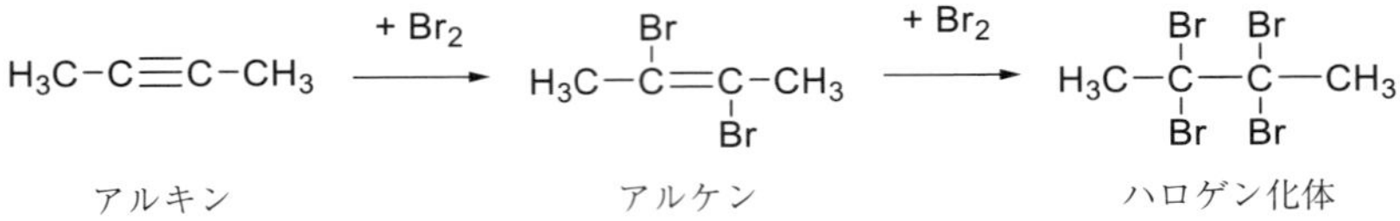

$$H_3C-C\equiv C-CH_3 \xrightarrow{+Br_2} H_3C-CBr=CBr-CH_3 \xrightarrow{+Br_2} H_3C-CBr_2-CBr_2-CH_3$$

アルキン　　アルケン　　ハロゲン化体

図 3.12　アルキンと臭素の反応

このように，有機化合物の反応を理解するには，まず出発の化合物の構造の特徴をよく見ることが大切である。それによって，加えた試薬とどのように反応していくかが予測できるようになる。

3.2　ハロゲンをもつ化合物（ハロゲン化炭化水素）の反応

3.2.1　ハロゲン化炭化水素の求核置換反応

図 3.13 にハロアルカンの構造を示す。炭素原子 C に炭素原子 C よりも電気陰性度の高いハロゲン原子（F，Cl．Br，I）が結合すると，結合に使われている電子（σ 電子）がハロゲン原子のほうに引っ張られ，その結果 C–X の σ 結合において電荷の偏りを生じる（誘起効果）。つまり，ハロゲン原子 X が少しマイナスの電荷を多くもつようになり（$\delta-$），逆に炭素原子は少し + の電荷をもつ（$\delta+$）ようになる。このような分子（**基質**（substrate）という）が存在している系に OH^- のように電子が豊富な分子（**求核剤**または**求核試薬**（nucleophile, nucleophilic reagent）という）が存在すると，基質の $\delta+$ 性を帯びた炭素原子 C に OH^- が近付き，$\delta+$ になっている炭素原子 C に電子を供給して炭素原子との間に結合を作ろうとする（このことを**求核攻撃**（nucleophilic attack）と呼ぶ）。

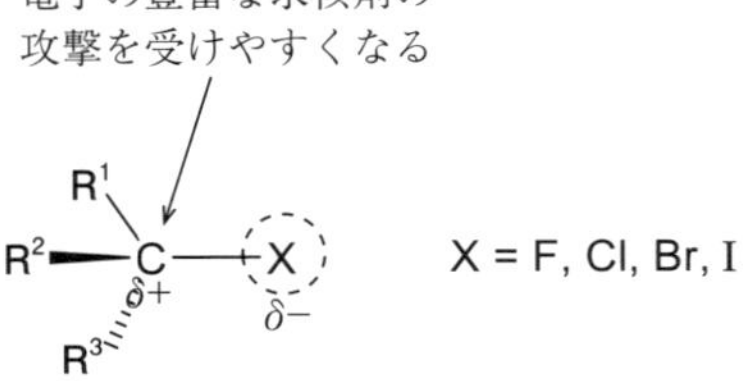

電子の豊富な求核剤の
攻撃を受けやすくなる

R^1, R^2, R^3 — C ($\delta+$) — X ($\delta-$)　　X = F, Cl, Br, I

図 3.13　ハロアルカンの構造

このように，基質に対して求核試薬が求核攻撃をして反応が進む。一方，π 結合のように分子面から外に電子が豊富に存在する場合，その電子に近付いて結合を作ろうとする H^+ のような原子や分子などのことを**求電子剤**または

求電子試薬（electrophile, electrophilic reagent）と呼んでいる。

図 3.14 の具体的反応例で説明する。求核置換反応とは，OH^-のような電子が過剰になっている求核剤が，臭素化合物の Br に結合した炭素原子 C を求核攻撃し，Br を追い出して，代わりに OH の酸素原子 O が炭素原子 C と新たに結合を形成し，その結果アルコールを生成する反応である。結果的に，基質の Br が OH に置き換わったことになるため**置換反応**と呼んでいる。

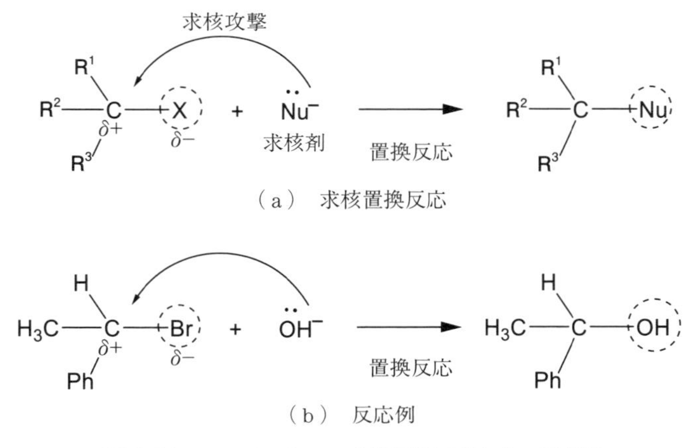

図 3.14 ハロアルカンの求核置換反応とその反応例

つぎに，この求核置換反応がどのように進んでいくのかについて，つまりこの反応の機構について詳しく説明する。求核置換反応には，大きく二つの反応機構がある。**図 3.15** に示す **1 分子求核置換反応**（$\mathbf{S_N1}$）（unimolecular nucleophilic substitution reaction）と **2 分子求核置換反応**（$\mathbf{S_N2}$）（bimolecular nucleophilic substitution reaction）である（S_N とは英語での**求核置換反応**（nucleophilic substitution）の二つの単語の頭文字をとったものである）。S_N1 は，カルボカチオン中間体を経る 2 段階で進行する反応である。一方，S_N2 は，中間体を経ることはなく 1 段階で進行する反応である。カルボカチオン中間体を経る S_N1 の場合には，カルボカチオン中間体を生成する最初のハロゲンの脱離が最もエネルギーを必要とするステップになる。したがって，S_N1 タイプの置換反応の進行のしやすさは，ハロゲン化炭化水素（HX, X＝Cl, Br, I）からのハロゲン

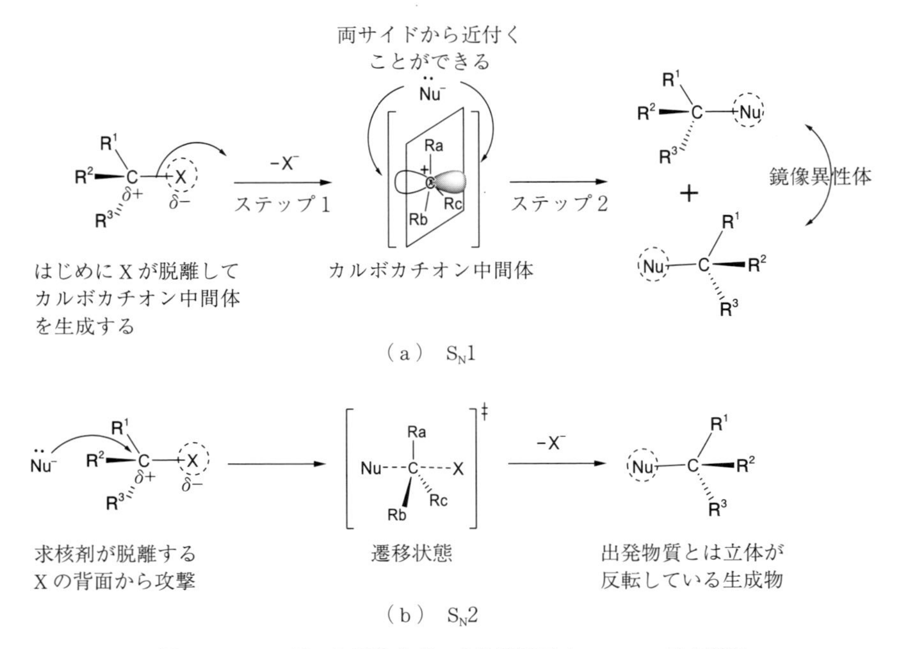

図 3.15　ハロゲン化炭化水素の求核置換反応の二つの反応機構

原子の脱離のしやすさに左右される。つまり，反応速度 $v = k[\mathrm{HX}]$ となり，ハロゲン化炭化水素の濃度に依存することになることから，一分子と呼んでいる。一方，$\mathrm{S_N2}$ では，ハロゲン化炭化水素に求核剤が攻撃すると同時にハロゲン原子が脱離していく遷移状態（これは，中間体ではないことに注意）を経ていくこと，つまりハロゲン化炭化水素と求核剤 Nu 二つの分子が共同作業することで初めて反応が進むことから，その反応速度 $v = k[\mathrm{HX}]\,[\mathrm{Nu}]$ となる。ハロゲン化炭化水素と求核剤の両方の化学種の濃度に依存することから，二分子と呼んでいる。

ハロゲン化炭化水素の求核置換反応の二つの反応の機構をエネルギーの関係で考えてみる（**図 3.16**）。単に，反応する者どうし（ここでは，基質と求核剤）を混ぜても反応は進まない。ある程度の熱（正しくはエネルギーといったほうがよい）が必要である。反応が進むということは，図 3.16 のように生成物に至るまでのエネルギーの山を越えなくてはならない。つまり，反応の進行には，

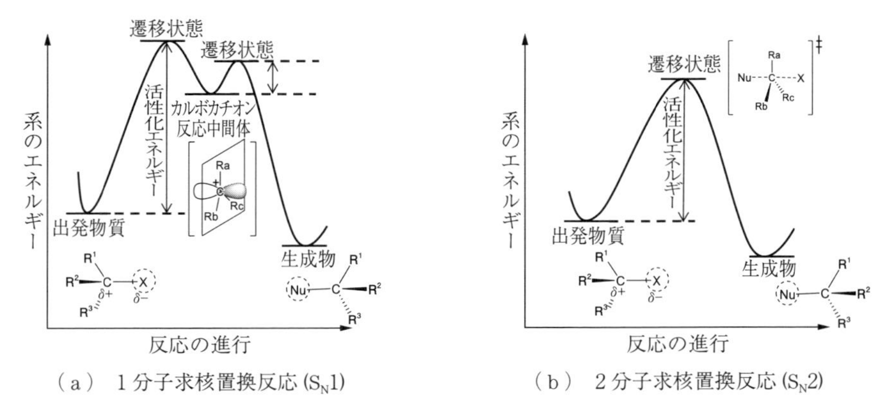

（a） 1分子求核置換反応 (S_N1)　（b） 2分子求核置換反応 (S_N2)

図3.16　ハロゲン化炭化水素の二つの求核置換反応の進行に伴うエネルギーの変化

この山を越えるだけのエネルギーが必要になる。このエネルギーのことを**活性化エネルギー**（activation energy）という。S_N2 反応では，出発物から始まって一つの山を越えると生成物にたどり着く。この山の山頂に相当するところが**遷移状態**（transition state）といわれるものである。一方，S_N1 反応では，一つの山を越えて，山の山頂より少しエネルギーの低い谷のような場所に一度落ち着く。そのあと，最初の越えなくてはならないエネルギーの山よりはるかに低いエネルギーの山を越えて，生成物にたどり着く。この谷にあたるのがカルボカチオン中間体である。したがって，二つの山を越えなくてはならない，つまり2段階の反応ということになる。なお，この二つの山の山頂の状態も遷移状態である。

S_N1 では，まずハロゲン原子Xが脱離してカルボカチオン中間体を生成する。すでに説明したように，カルボカチオン中間体は平面分子であるため，図3.15のように中間体の分子平面の両サイドから求核剤が近付いていくことが可能になる。もし，出発の化合物のハロゲンに結合した炭素原子が不斉炭素（R^1，R^2，R^3 のすべてが異なる原子または原子団）であれば，生成する化合物には鏡像異性体が存在することになる。カルボカチオン中間体の両サイドから等しい確率で，求核剤が攻撃できるため，得られる生成物は，二つの鏡像異性体の1：1の混合物（**ラセミ体**（racemic compound）という）となる。一方，

S_N2の場合には，ハロゲンに結合した炭素原子の背面から求核剤が攻撃するので，まったく反対の立体を有する化合物が得られる。不斉炭素の不斉がまるで傘が強い風でひっくり返るようにその立体配置が変化することになる。このことを**反転**（inversion）という。

ところで，実際の分子では，このどちらの機構で反応が進んでいるのか。この反応機構の特徴を考えることで予想することができる。まず，S_N1はカルボカチオン中間体を安定化させるような場合に，この機構で反応が進行しやすい。例えば，R^1，R^2，R^3のすべてがCH_3であれば，図3.8に示した理由から，カルボカチオン中間体がかなりの安定化を受ける。さらに，すべてがCH_3であることから，S_N2での最初の炭素原子の背面からの求核剤の接近が立体的に込み合っていることから不利になる。求核剤から見ると，反応によって結合ができる予定の$\delta+$の炭素原子が三つのCH_3で覆いかぶさっている状態になっている。このため，この反応機構での反応の進行は困難となる。この場合には，S_N1で進行しやすいと予測される。実際に報告されている反応例はこの予想と一致する。

3.2.2　ハロゲン化炭化水素の脱離反応

ハロゲン化炭化水素は求核置換反応が進行する条件下で，置換生成物だけでなく脱離生成物も与える。求核剤は電子が豊富なため他の分子に電子対を与える能力をもっている。つまり，ルイス塩基でもある。そのため，**図3.17**のように，β水素（$\delta+$になっている炭素の隣の炭素に結合している水素）の引き

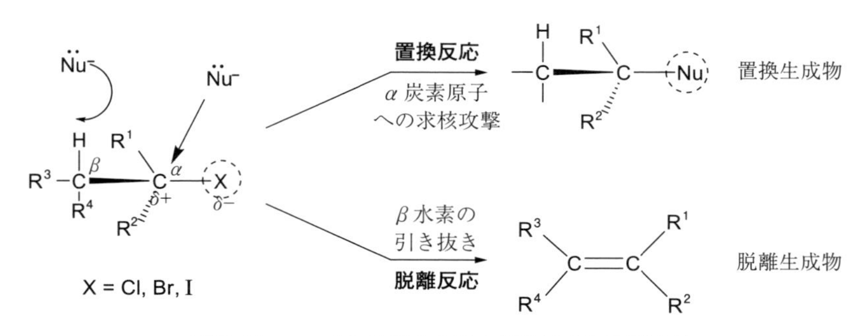

図3.17　ハロゲン化炭化水素の置換反応と脱離反応

抜きの反応（水素原子を H^+ の形で奪う反応）を起こす。その結果，脱離生成物を与えることになる。

図3.15に示されている S_N1 と S_N2 の反応機構と基本的には同じ考えかたで，**脱離反応**（elimination reaction）にも**1分子脱離**（E1）と**2分子脱離**（E2）の機構がある（**図3.18**）。置換反応と脱離反応の違いは，求核剤の攻撃部位が α 炭素なのか β 水素なのかの違いだけである。つまり，反応の途中までは，同じ経路で進行している。このため，通常は置換反応と脱離反応は競合して，両

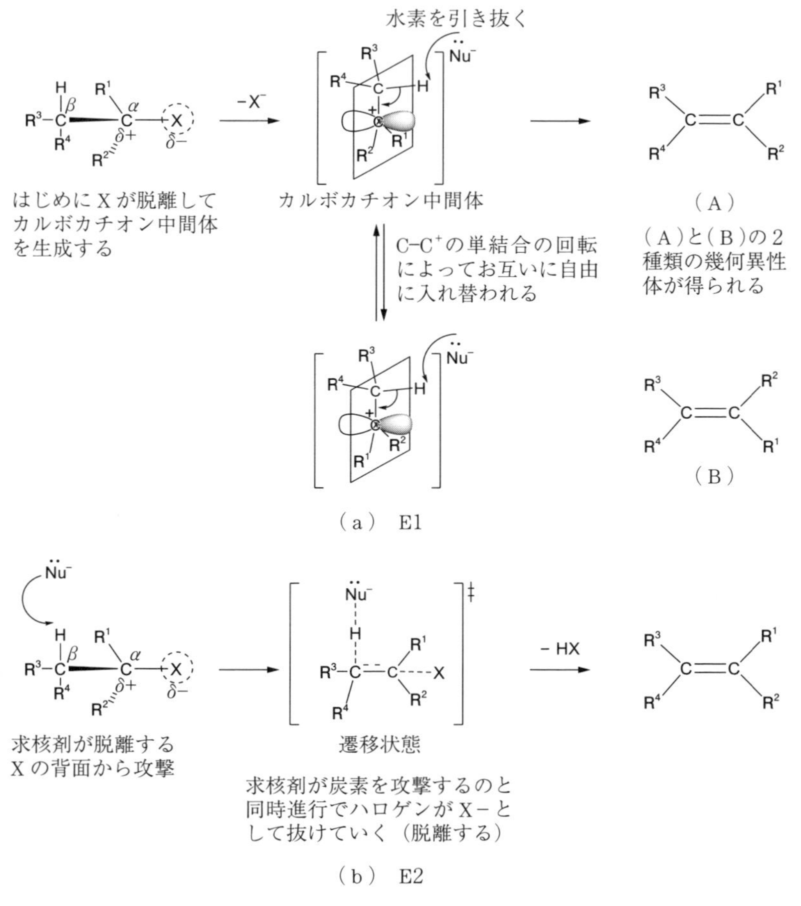

図3.18 ハロゲン化炭化水素の脱離反応の二つの反応機構

方の生成物が得られてくる。しかし，一般に脱離反応のほうが，高い温度（エネルギー）を必要としているため，反応温度などの条件をうまくコントロールすることで，置換反応か脱離反応の一方を優先させて起こすことも可能である。

脱離反応の生成物のアルケンは，出発物質の置換基 R^1，R^2，R^3，R^4 によって幾何異性体の存在が考えられる（図3.18）。E1の反応機構では，図に示したように，二つの幾何異性体（A）と（B）の生成が可能になる。つまり，生成物の立体構造についての選択制がない。一方，E2の機構の場合には，**図3.19**のような立体配座，つまり脱離する二つの原子HとXが反対の位置関係（アンチの配座という）にある構造で脱離反応が進行するため，（A）しか生成しない。

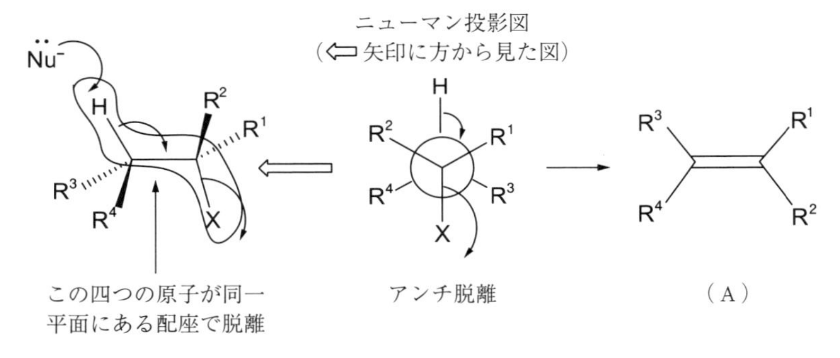

図3.19　E2反応機構における遷移状態の配座

さらに，脱離反応には位置選択性というもう一つの選択制が存在する（**図3.20**）。脱離しうる水素原子が2種類ある場合，2種類の生成物が得られてくる可能性が出てくる。この場合は，生成物の熱力学的安定性によって，反応生成物が決まる。つまり，より安定な生成物が得られてくる方向で反応が進行する。その安定性は，**図3.21**に示すようになる。置換しているアルキル基が多ければ多いほど安定になる。これは，**図3.22**で示す超共役が効果的に働くためである。なお，図3.21（c），（d）の幾何異性体間の安定性の違いは，置換基どうしの立体反発の有無による。

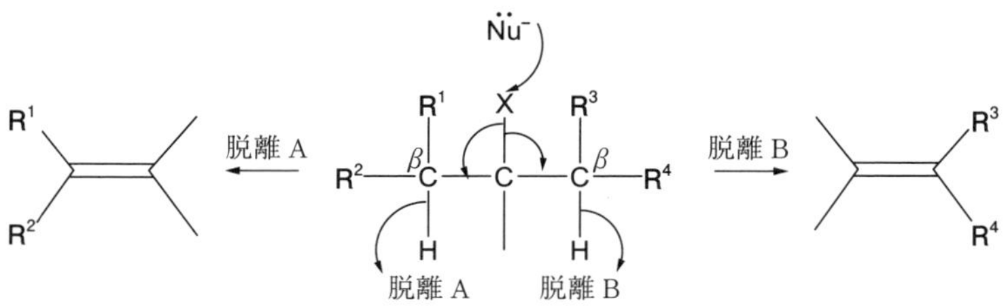

図 3.20　脱離反応の位置選択性

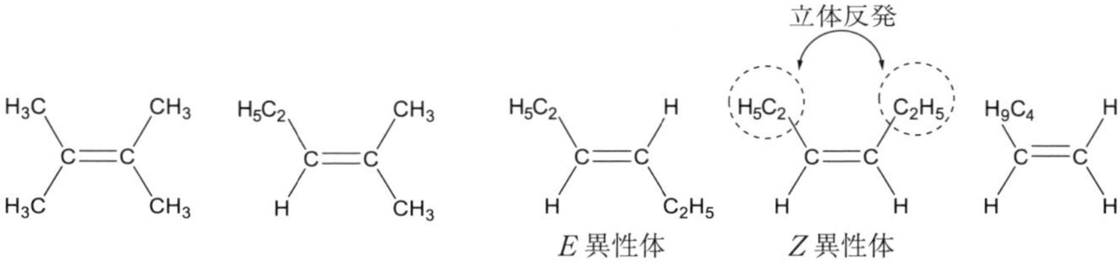

図 3.21　アルケン C_6H_{12} の安定性

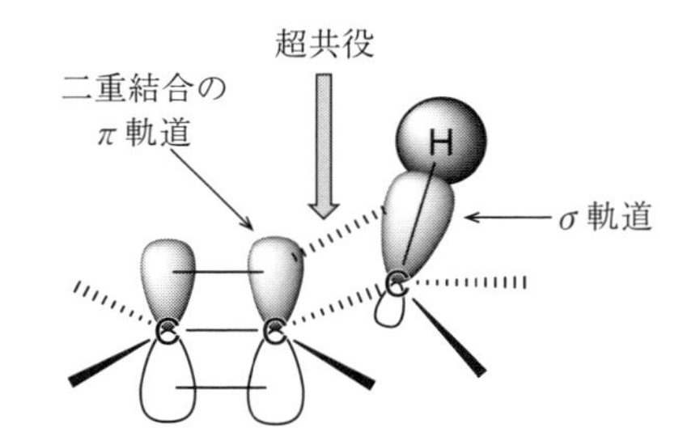

図 3.22　超共役の仕組み

3.3　ヒドロキシ基をもつ化合物の反応

高校の教科書によく出ている反応として，**図 3.23** のエタノールの反応がある。いわゆるアルコール臭のエタノールから，特有のエーテル臭のジエチルエーテルと無臭のエチレンへと，劇的なにおいの変化をもたらす反応である。この反応は基本的にはハロゲン化炭化水素の求核置換反応および脱離反応と同じである。**図 3.24** で示す反応機構でアルコールの求核置換反応と脱離反応は

ジエチルエーテル　　　　エタノール　　　　エチレン

$H_3CH_2C-O-CH_2CH_3 \xleftarrow[130\,℃]{濃硫酸} H_3CH_2C-OH \xrightarrow[170\,℃]{濃硫酸} H_2C=CH_2$

図 3.23　エタノールの置換反応と脱離反応

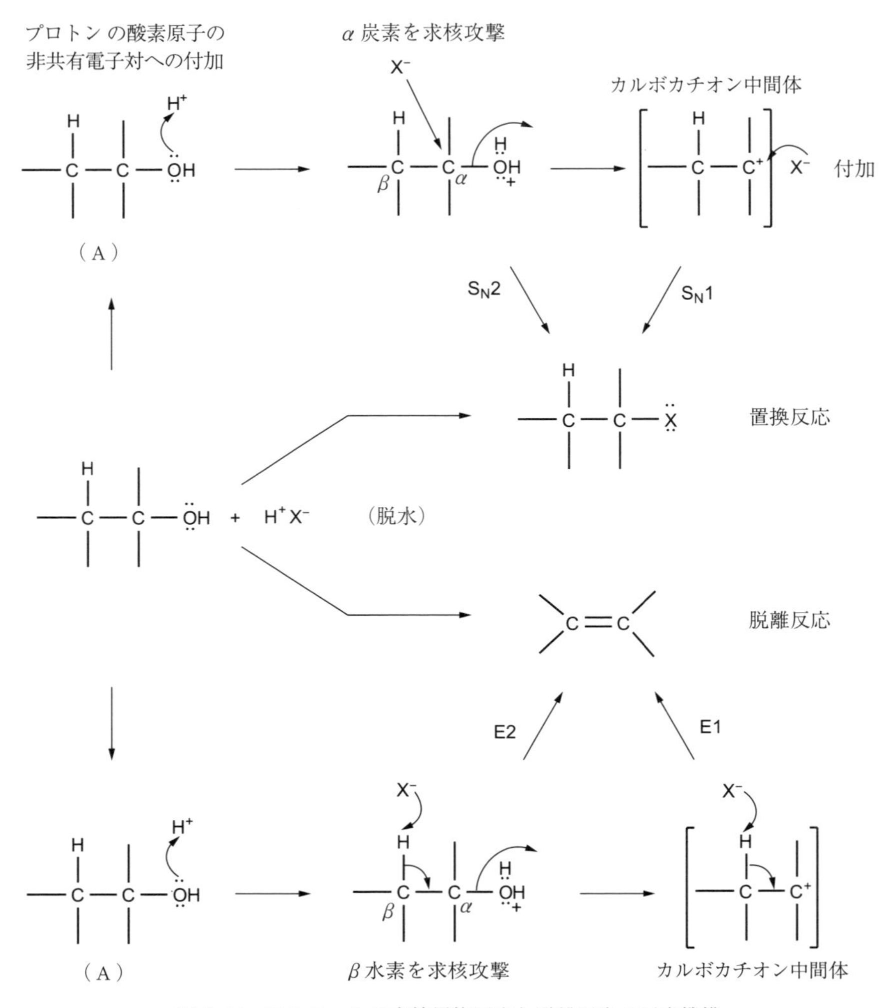

図 3.24　アルコールの求核置換反応と脱離反応の反応機構

進行する。

エタノールの置換反応と脱離反応は，**図 3.25** で示すようにエタノールの OH 基の酸素の非共有電子対に H^+ が付加するところから始まる。この OH_2^+ はハロゲンと同じくらい電子を引き付け，結合の分極を引き起こす。そして，この反応ではエタノールが求核剤そして塩基として働く。その結果，図で示したような機構でこのエタノールの置換反応と脱離反応は進行し，置換生成物と脱離生成物をそれぞれ与えることになる。このように，いままで暗記していた反応も，その機構を考えることから，得られる生成物を容易に推測することができる。

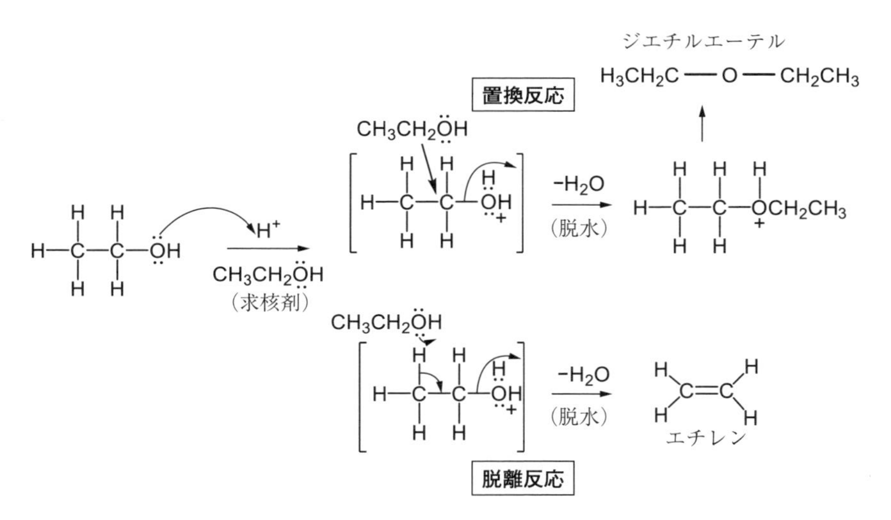

図 3.25 エタノールの置換反応と脱離反応の反応機構

3.4 エーテル結合を有する化合物（エーテル）の反応

複雑なエーテルや非対称のエーテルを簡単に合成する方法として，**ウィリアムソンエーテル合成法**（Williamson ether synthesis）がある。この反応は，**図 3.26** に示すように S_N2 反応を利用したものである。

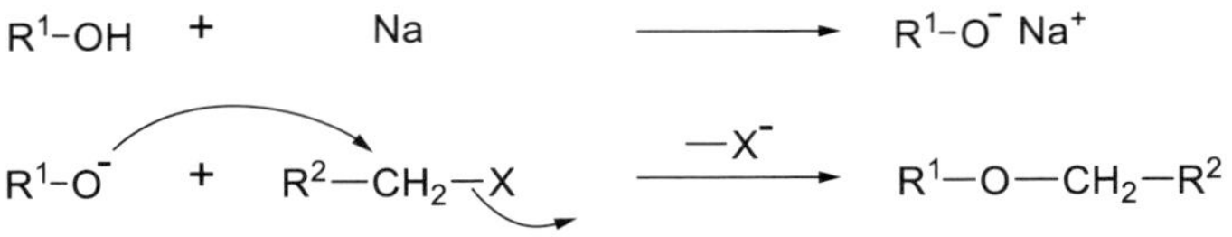

$$R^1\text{-}OH + Na \longrightarrow R^1\text{-}O^- Na^+$$

$$R^1\text{-}O^- + R^2\text{—}CH_2\text{—}X \xrightarrow{-X^-} R^1\text{—}O\text{—}CH_2\text{—}R^2$$

図 3.26　ウィリアムソンエーテル合成法

アルケンに有機過酸 RCOOOH を作用させることで，三員環に酸素原子を含んだ環状エーテルであるエポキシドを生成する。歪みをもった三員環構造を有しているため，他のエーテルよりも反応性が高い。そして，**図 3.27** に示すように，酸または塩基により S_N2 タイプの開環反応を示す。

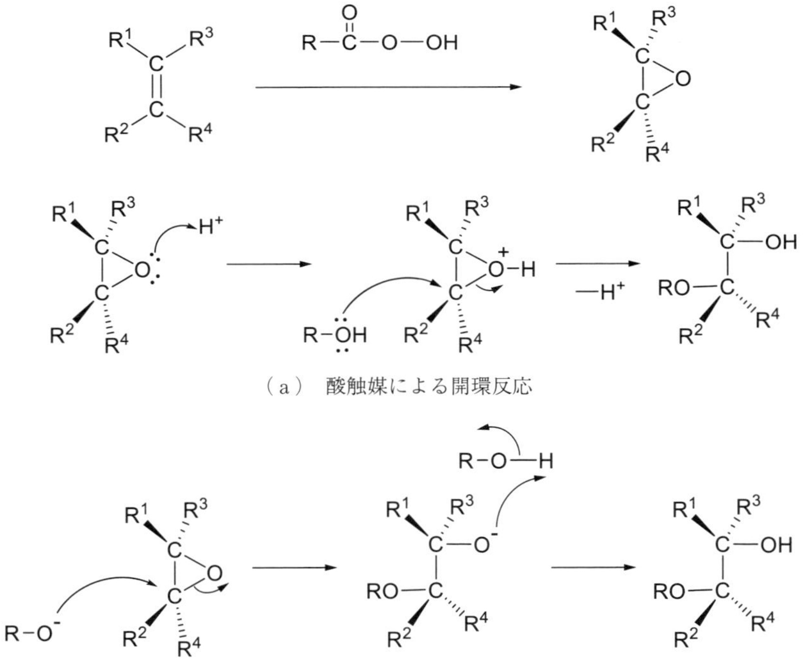

（a）　酸触媒による開環反応

（b）　塩基による開環反応

図 3.27　エポキシドの合成とその開環反応

3.5　カルボニル基をもつ化合物（ケトン，アルデヒド，カルボン酸，カルボン酸誘導体）の反応

3.5.1　求核付加反応

カルボニル化合物の構造に基づく反応性との関係を**図 3.28** にまとめる。まず，C=O 結合について酸素原子は求核的な反応性を示し，逆に炭素原子は求電子性を示す。いずれも，付加反応としての特徴につながる。この反応のもう一方の特徴は，エノール体としての求核性である。この二つの特徴による反応がアルドール反応になる。これらカルボニル基の反応性について説明する。

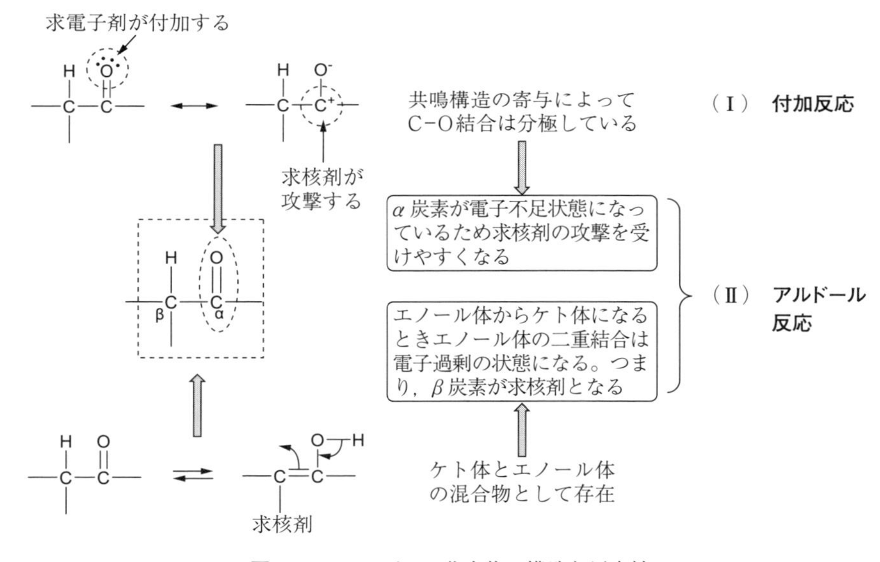

図 3.28　カルボニル化合物の構造と反応性

ケトンやアルデヒドの代表的な反応の一つに，酸触媒下のアルコールとの反応がある（**図 3.29**）。**図 3.30** にこの反応の反応機構を示す。たいへん複雑な反応機構のように見えるが，よく見ると，一つひとつの反応を，いままでに説明した考え方を用いて，順番にたどっていくことができる。

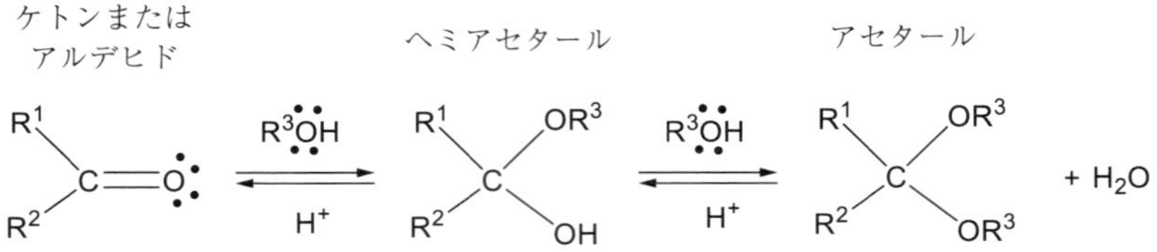

図 3.29　ケトンまたはアルデヒドとアルコールの反応機構

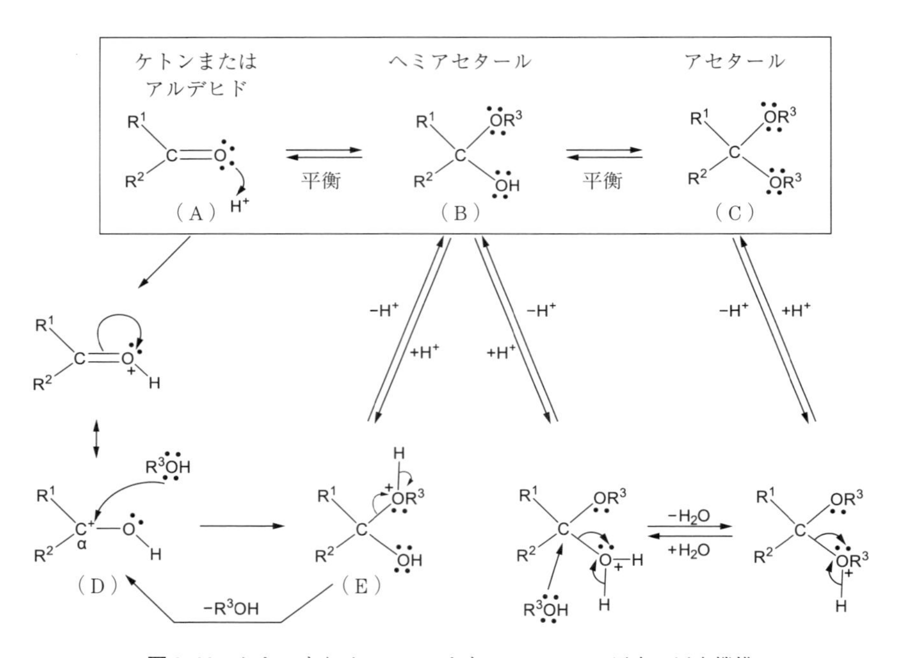

図 3.30　ケトンまたはアルデヒドとアルコールの反応の反応機構

3.5.2　カルボン酸の反応 ―― エステル化 ――

種々のカルボニル基の求核試薬との反応性の違いを**図 3.31** に示す。これらの違いは，誘起効果と共鳴効果によりもたらされる。その理由を，**図 3.32** にまとめる。

エステル化とは，カルボン酸がアルコールと反応してエステルという分子を与える反応である。**図 3.33** に示す酢酸（食用の酢の成分）とエタノール（酒

H_3CH_2C–C(=O)–Cl: > H_3CH_2C–C(=O)–H > H_3CH_2C–C(=O)–CH_3 > H_3CH_2C–C(=O)–OCH_3

酸塩化物　アルデヒド　ケトン　エステル

図 3.31　カルボニル基の構造と求核剤との反応性

誘起効果により C=O 炭素の電子不足が増大

塩素原子，酸素原子いずれも炭素より電気陰性度が大きいため，C–Cl，C–O 結合ともに Cl もしくは O に電子が引き付けられている。

（a）誘起効果

共鳴効果により C=O 炭素の電子不足は解消されない

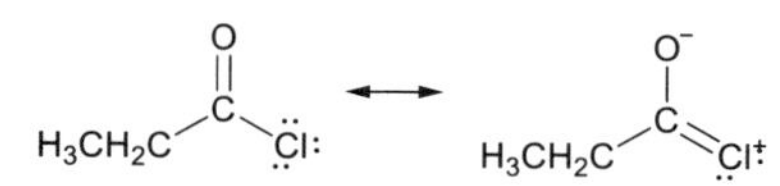

共鳴における分極した構造の寄与が**小さい**ため，C=O 炭素の電子不足が**効率よく解消されていない**

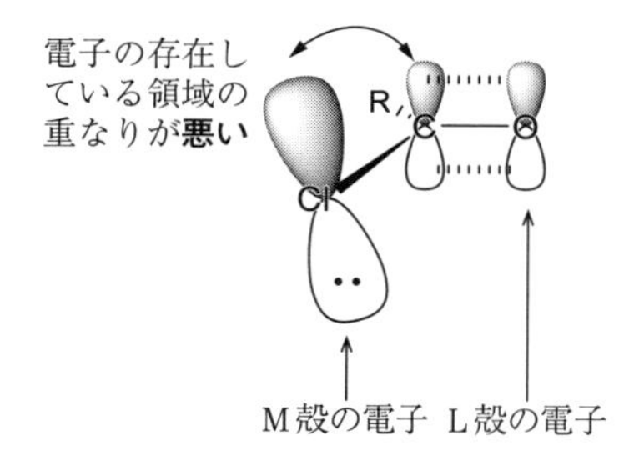

共鳴効果により C=O 炭素の電子不足が緩和されている

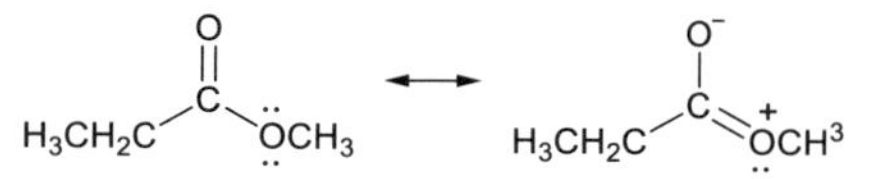

共鳴における分極した構造の寄与が**大きい**ため，C=O 炭素の電子不足が**緩和されている**

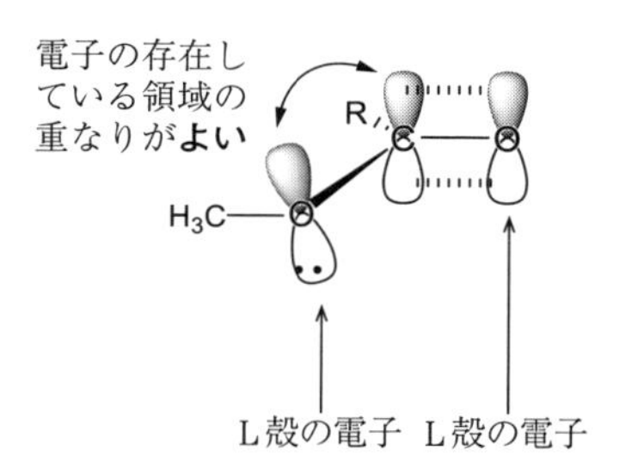

（b）共鳴効果

図 3.32　カルボニル基の構造における誘起効果と共鳴効果

に入っている成分）との反応による酢酸エチルエステルの生成が代表的な反応例である。酸特有のにおいのする酢酸とアルコール臭のエタノールの反応で，エステル臭の酢酸エチルエステルを生成する。さまざまなタイプのにおいの競

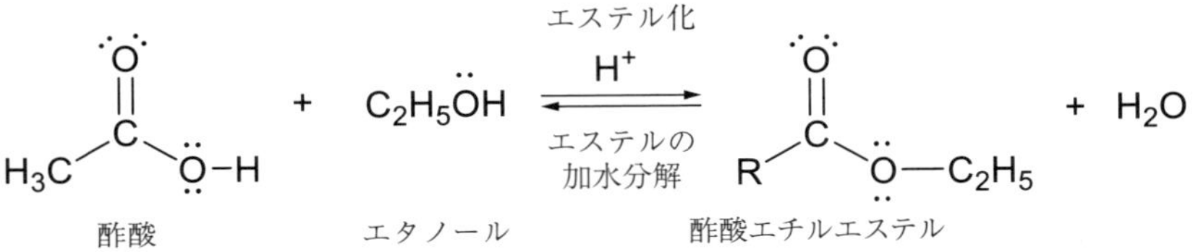

エステル化

$$H_3C-C(=O)-O-H + C_2H_5OH \underset{\text{エステルの加水分解}}{\overset{H^+}{\rightleftharpoons}} R-C(=O)-O-C_2H_5 + H_2O$$

酢酸　　エタノール　　酢酸エチルエステル

図 3.33　酢酸とエタノールの反応による酢酸エチルエステルの生成

合である。この反応は，酸の H^+ が存在することによって容易に進む。しかし，この反応には，酢酸エチルエステルが水と反応して酢酸とエタノールを生成する反応も同時に起きている。つまり，「酢酸とエタノール」と「酢酸エチルエステルと水」との間には，平衡関係がある。この反応の機構も，いままでの知識で十分説明できる。**図 3.34** に反応機構を示す。

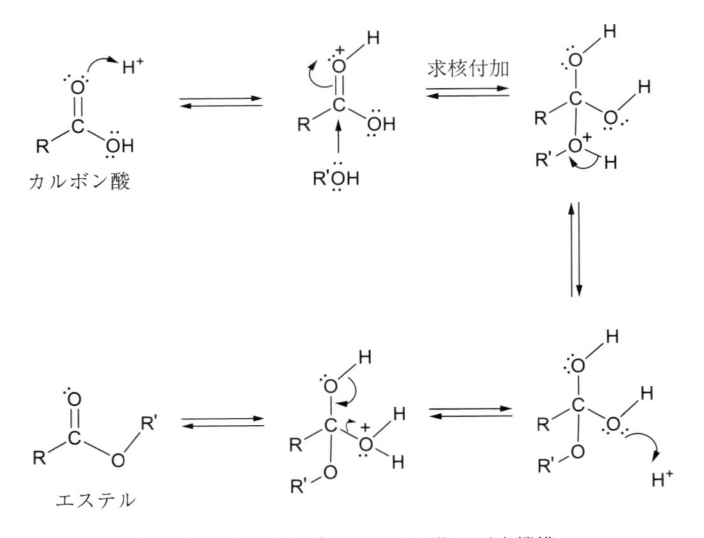

図 3.34　カルボン酸のエステル化の反応機構

3.5.3　アルドール反応

これまで説明したカルボニル化合物の反応は，C=O の炭素原子への求核付加反応である。ここでは，図 3.28 で示したもう一つの反応，**アルドール反応**（aldol reaction）について説明する。

ケト体とエノール体の間には平衡関係があって，ほとんどケト体で存在している。しかし，**図 3.35** のように，酸や塩基の触媒作用によってケトンをエノール化させることができる。このような条件下でアルドール反応が起きる。

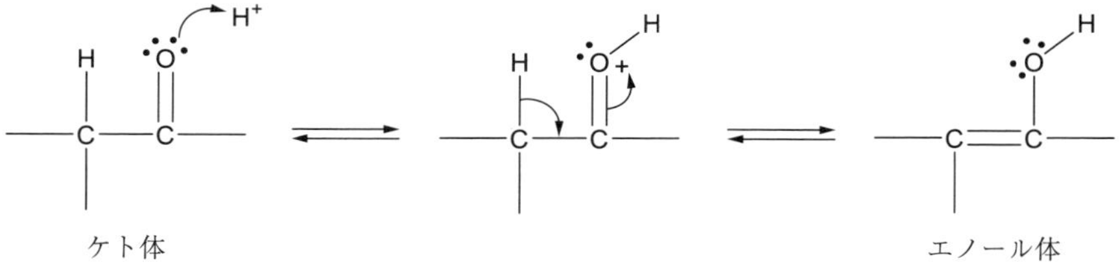

ケト体　　　　　　　　エノール体

（a） 酸触媒

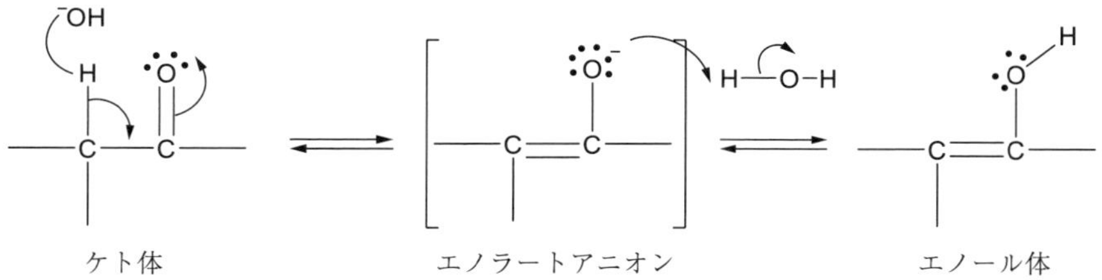

ケト体　　　　エノラートアニオン　　　　エノール体

（b） 塩基触媒

図 3.35 酸触媒または塩基触媒によるエノール化

図 3.36 はアセトアルデヒからのアルドールの生成反応の例である。この反応についての反応機構を**図 3.37** に示す。反応は，塩基による α 水素の引抜きで始まる。その結果生成したエノール体が求核剤となって，もう一つの分子の C=O の炭素への求核攻撃を起こし，反応は進んでいく。生成したアルドールは，加熱などの条件によって脱水反応を起こし，アルケンを生成する。

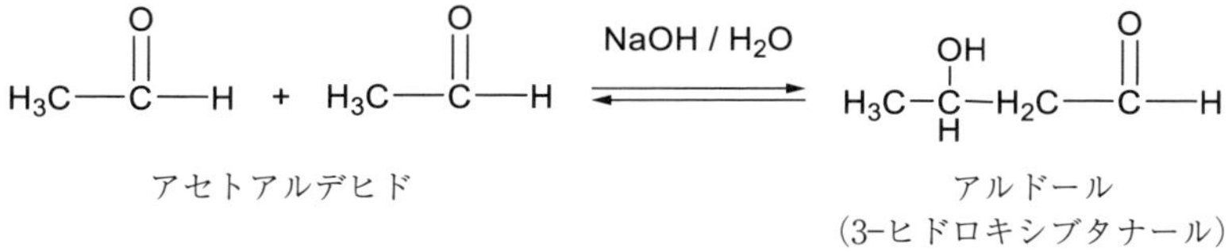

$$H_3C{-}CHO + H_3C{-}CHO \xrightleftharpoons{NaOH\,/\,H_2O} H_3C{-}CH(OH){-}H_2C{-}CHO$$

アセトアルデヒド　　　　　　アルドール（3-ヒドロキシブタナール）

図 3.36 酸触媒または塩基触媒によるエノール化

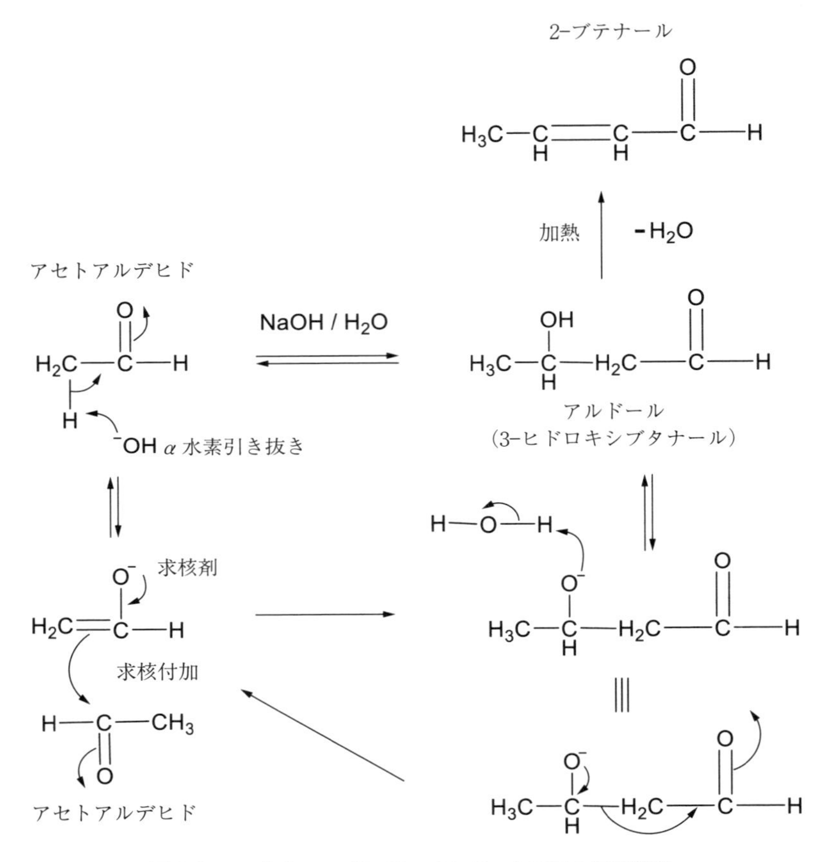

図 3.37　アセトアルデヒドのアルドール反応の反応機構

3.6　アミノ基（アミン）をもつ化合物の反応

図 3.38 に第一級アミンのおもな合成法を示す。いずれもハロアルカンに対する求核置換反応が重要なステップになっている。

第一級アミンは，亜硝酸から酸性条件下で生じるニトロソニウムイオンと反応して，最終的に窒素を放出してカルボカチオンを生じる。これに，付加反応や脱離反応が起こって，さまざまな生成物を生じる（**図 3.39**）。

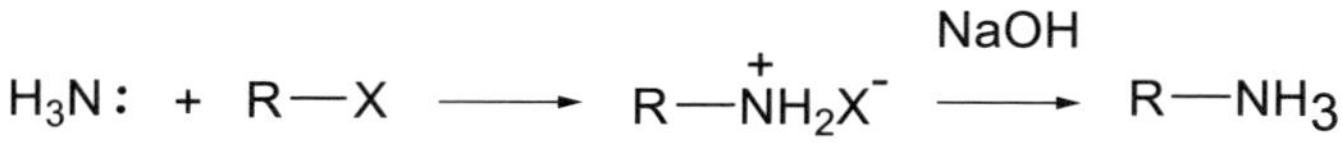

$$H_3N\!: + R{-}X \longrightarrow R{-}\overset{+}{N}H_2X^- \xrightarrow{NaOH} R{-}NH_3$$

（a） ハロアルカンとアンモニアの反応

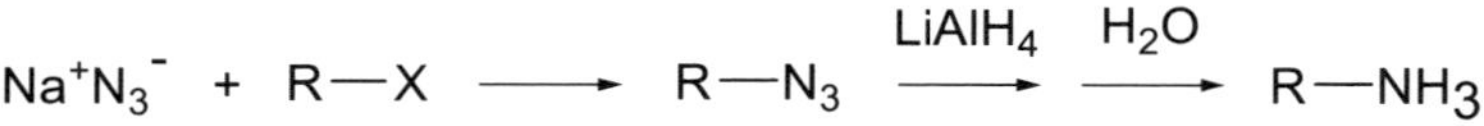

$$Na^+N_3^- + R{-}X \longrightarrow R{-}N_3 \xrightarrow{LiAlH_4} \xrightarrow{H_2O} R{-}NH_3$$

（b） ハロアルカンとアジ化物イオンの反応

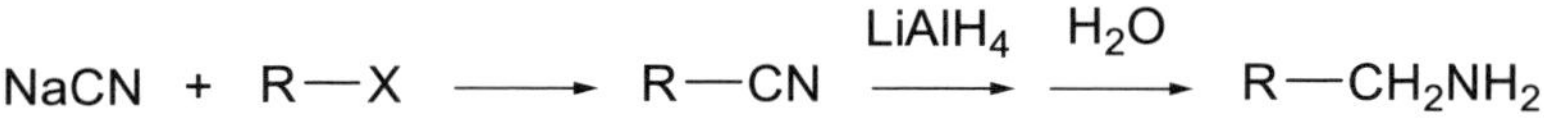

$$NaCN + R{-}X \longrightarrow R{-}CN \xrightarrow{LiAlH_4} \xrightarrow{H_2O} R{-}CH_2NH_2$$

（c） ニトリルの還元

図 3.38 第一級アミンのおもな合成法

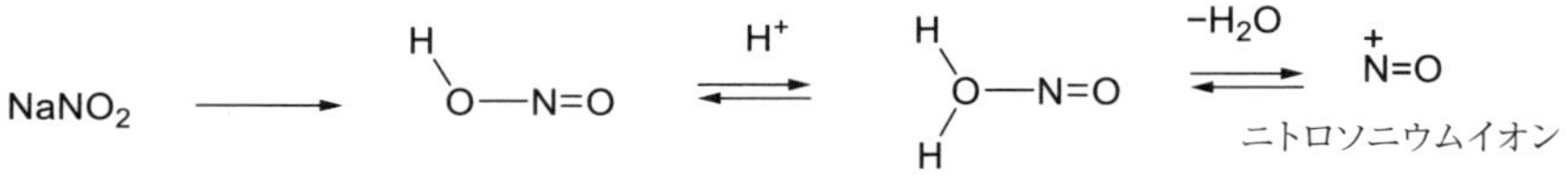

$$NaNO_2 \longrightarrow H{-}O{-}N{=}O \underset{}{\overset{H^+}{\rightleftharpoons}} H_2\overset{+}{O}{-}N{=}O \overset{-H_2O}{\rightleftharpoons} \overset{+}{N}{=}O$$

ニトロソニウムイオン

（a） ニトロソニウムイオンの生成

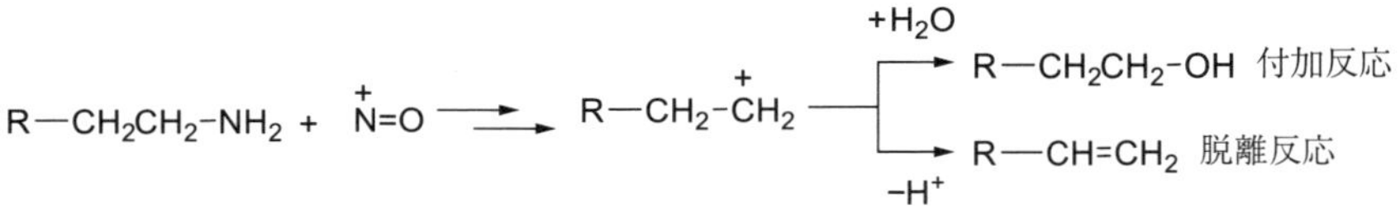

$$R{-}CH_2CH_2{-}NH_2 + \overset{+}{N}{=}O \rightleftharpoons R{-}CH_2{-}\overset{+}{C}H_2$$

$$\xrightarrow{+H_2O} R{-}CH_2CH_2{-}OH \quad 付加反応$$

$$\xrightarrow{-H^+} R{-}CH{=}CH_2 \quad 脱離反応$$

（b） カルボカチオンの生成とその反応

図 3.39 第一級アミンと亜硝酸との反応

3.7 芳香族化合物の反応 ―― 芳香族求電子置換反応 ――

ベンゼン系芳香族化合物の体表的な反応である**芳香族求電子置換反応**（electrophilic aromatic substitution reaction）を**図 3.40** にまとめる。電子の豊富なベンゼン環を目指して，求電子試薬 E^+ が付加するところから芳香族求電子置換反応は始まる。（1）から（3）に示すような試薬から発生した高い親電子性の反応活性種 Br^+, NO_2^+, SO_3H^+ などがベンゼンの豊富な π 電子に付加することが第一段階である。しかし，実際には，付加生成物ではなく，ベンゼ

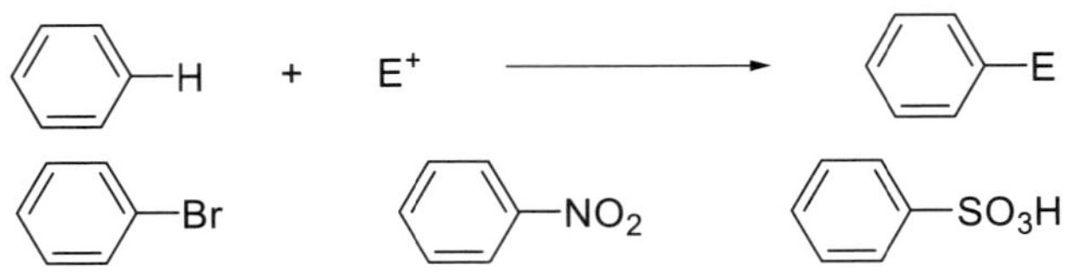

(a)　E^+: Br^+(ブロム化)　(b)　NO_2^+(ニトロ化)　(c)　SO_3H^+(スルホン化)

R = $CH(CH_3)_2$　　R = CH_3

(d)　R^+(フリーデル−クラフツアルキル化)　(e)　RCO^+(フリーデル−クラフツアシル化)

図 3.40　芳香族求電子置換反応

ンの水素原子の一つが臭素原子に置き換わった置換生成物が得られてくる。その理由を反応機構から考えてみる。

(1)　ブ ロ ム 化	$FeBr_3$ から	Br^+
(2)　ニ ト ロ 化	濃硝酸 + 濃硫酸	NO_2^+
(3)　スルホン化	発煙硫酸	SO_3H^+

芳香族求電子置換反応の機構を**図 3.41** に示す。ベンゼンの π 結合に E^+ が求電子付加して，カルボカチオン中間体を生成する。この中間体は図に示すように共鳴によって安定化されている。すでに説明したように，ベンゼン環は，

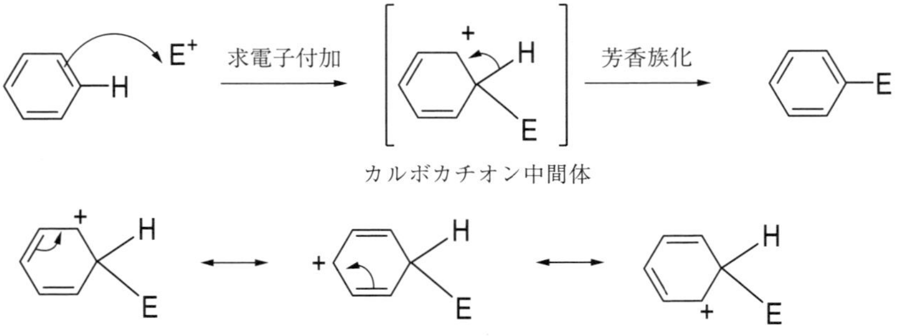

求電子付加　芳香族化

カルボカチオン中間体

図 3.41　芳香族求電子置換反応の反応機構

単純に二重結合が三つ環状に結合した化合物ではない。芳香族というたいへんな安定性を獲得している分子である。普通の二重結合は，臭素分子や塩化水素などと容易に付加反応を示す。しかし，ベンゼン環を有する化合物に臭素を加えてもまったく変化しない。つまり，臭素とは反応しない。臭素原子をベンゼン環の二重結合に付加させ，カチオン中間体とするためには，たいへん反応性の高いBr^+が必要である。このため，図3.40で示した試薬が必要になる。ここで，図3.41に戻って考えることにする。ベンゼン環への求電子試薬の付加によって生成したカルボカチオン中間体は，ある程度の安定性をもってはいる。しかし，ベンゼン環がもっている芳香族性という安定性に比べたら微々たるものである。このため，カルボカチオン中間体は最終的にH^+を放出して，芳香族化によって膨大な安定化エネルギー得て，再びベンゼン環を有する化合物となる。これが，芳香族求電子置換反応の反応機構である。

芳香族求電子置換反応には，さらに面白い特徴がある。ベンゼン環に一つの置換基が置換したモノ置換ベンゼン化合物の求電子置換反応について考えてみる。まず，置換基が導入されることによって，ベンゼン環の反応性がどのように低くなったり，高くなったりするかについて**図3.42**にまとめる。

ベンゼン環の反応性には，共鳴効果と誘起効果が大きくかかわっている。特

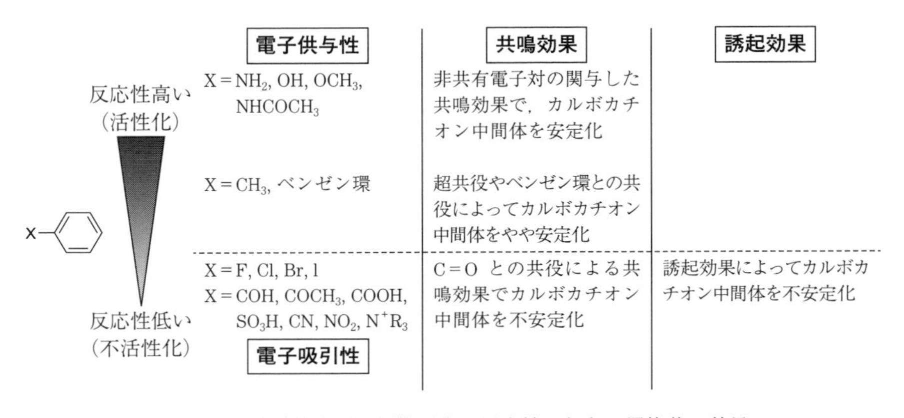

図3.42　芳香族求電子置換反応の反応性に与える置換基の効果

に共鳴効果は，芳香族化合物の反応性にとって重要である。置換基には，ベンゼン環に電子を与える能力（**電子供与性**（electron donating）を有する置換基と反対に電子を奪ってしまう能力（**電子吸引性**（electron withdrawing）の置換基とがある。図 3.41 に示した反応機構から，ベンゼン環の電子密度が高くなるほど反応がより容易に起きることがわかる。つまり，置換基の電子供与性が大きければ大きいほど芳香族求電子置換反応の反応性が大きくなる。逆に，置換基の電子吸引性が大きければ大きいほど，芳香族求電子置換反応は起きにくくなる。例えば，アミノ基 NH_2 の置換したアミノベンゼンは，芳香族求電子置換反応が容易に起きるのに対して，ニトロ基 NO_2 の置換したニトロベンゼンは，反応しにくくなる。

ところで，ベンゼン環に一つの置換基が置換したモノ置換ベンゼン化合物には，反応性の問題とともに，配向性の問題がある。配向性とは，**図 3.43** で示すように，二つ目の置換基が一つ目の置換基に対してどの位置に置換するかの選択性である。その置換の様式には 3 種類あり，生成する置換体としてオルト体，メタ体，そしてパラ体と呼んでいる。

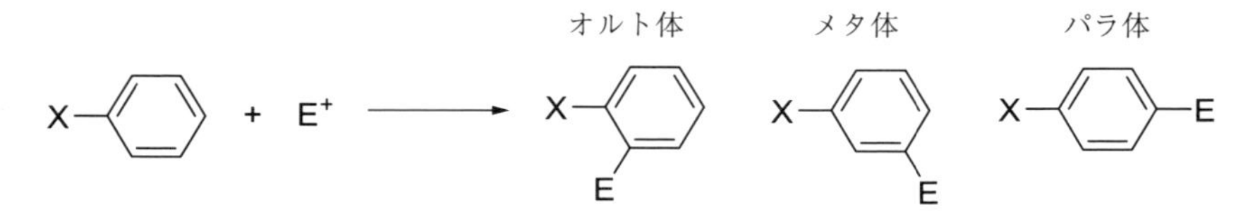

図 3.43　芳香族求電子置換反応の配向性

二つ目の置換基がどの位置に入るかの配向性ついてもカチオン中間体について考えることによって，問題をよく理解することができる。**図 3.44** に示すように，各攻撃によって生成したカチオンは 3 種類の共鳴構造の寄与によって安定化している。しかし，この安定化は，初めから置換している置換基が電子を供与する性質が大きいのか，逆に電子を奪ってしまう性質をもっているのかによって大きく影響を受ける。カルボカチオン中間体で重要なのはオルトとパラの破線で囲んだ置換基の根元にカチオンのある構造である。ベンゼン環の反応

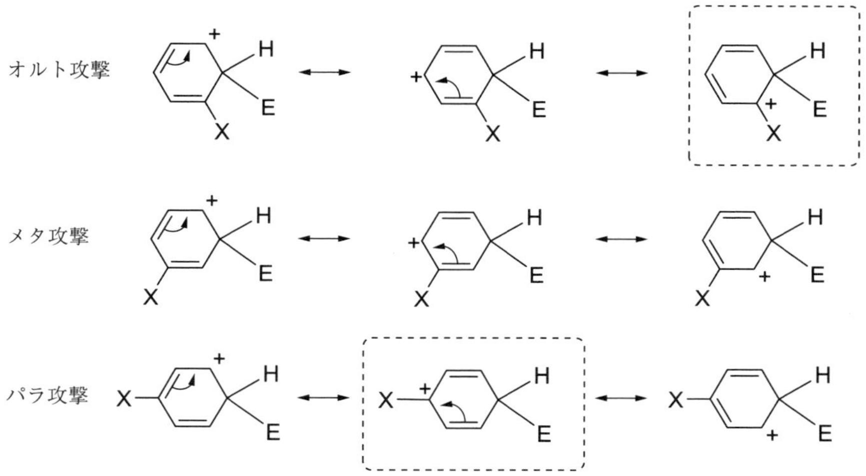

図 3.44　芳香族求電子置換反応のカチオン中間体

性を高める電子供与性置換基（OH，NH_2 など）の場合には，これらの置換基のもっている非共有電子対による電子供与性の効果によってこの破線で囲まれた構造の安定性が増す。しかし，メタ攻撃のカチオン中間体にはこのような安定化はない。つまり，メタよりもオルトとパラに置換したほうが中間体のカチオンが安定化するため，オルトとパラへの付加反応が優位に進行することになる。その結果，オルト置換体とパラ置換体がメタ置換体に優先して生成することになる。実際にこれらの官能基の置換したベンゼン系化合物はオルト，パラの置換体を生成する傾向を示す。このことを**オルトパラ配向性**（ortho–para orientation）を示すという。一方，不活性な置換基，つまりベンゼン環から電子を奪ってしまうような性質の NO_2 などの電子吸引性置換基の場合には，逆に破線で囲んである共鳴構造の不安定性が増大する（**図 3.45**）。その結果，不安定化の要因のないメタ体が優先して生成することになる。そのことを**メタ配向性**（meta orientation）という。

ベンゼン環には，このような特有の反応性の特徴がある。

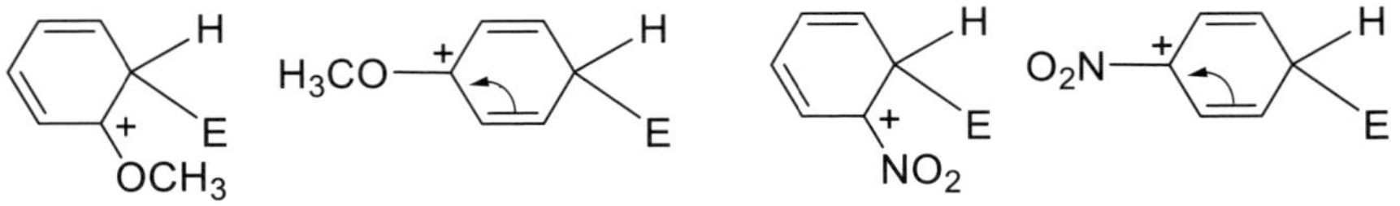

（a） 電子供与性　　　　（b） 電子吸引性

図 3.45 芳香族求電子置換反応の配向性を決める要因

生体を作っている有機分子と高分子化合物

人の体は，さまざまな物質から作られ，その体を維持し動かすために，さまざまな物質を取り入れる必要がある。この物質のことを**栄養素**（nutrients）と呼び，人にとって特に重要な炭水化物（糖質），タンパク質，脂質のことを**三大栄養素**（three major nutrients）と呼んでいる。

炭水化物（糖質），タンパク質，脂質の３種類の化合物は，生体を構成する代表的な有機化合物である。これらの有機化合物は，人体にとってさまざまな重要な働きをしている。これらの化合物の性質を，**表 4.1** にまとめる。炭水化物やタンパク質は，自然界では，それぞれ単糖類や α–アミノ酸などの有機化合物を構成単位として，その分子が多数結合して作られたセルロースなどの分子の形で存在している。これらの有機化合物は，これまでの章で扱ってきた有機化合物とは比べ物にならないくらい巨大な分子である。このような巨大分子を**高分子化合物**（polymer）といい，特に天然から得られるものを**天然高分子化合物**（natural polymer）と呼んでいる。これに対して，人工的に作った高分子を**合成高分子化合物**（synthetic polymer）という。ところで，脂質は，高分子化合物ではないが，これまでに扱ってきた有機化合物に比べて比較的大きな分子である。

人は，炭水化物（糖質），タンパク質，脂質の有機物を食物として取り入れて，自分の体のために使うわけであるが，そのためにはまず，取り入れた高分子を分解して小さい単位の有機化合物（構成単位）にしている。いわゆる消化という化学反応である。ただし，人の体はほぼ 40 ℃ ぐらいの温度に保たれているので，これまでに述べたような化学反応の進めかた，例えば 80 ℃ に加熱

表 4.1　生体を構成する代表的な有機化合物（三大栄養素）

	炭水化物（糖質）	タンパク質	脂　質
構成単位	・単糖類 （図 4.7 参照）	・α-アミノ酸 （図 4.12 参照）	・脂肪酸 ・ステアリン酸 （オクタデカン酸） （図 4.1 参照） ・イソプレン など
自然界の存在形態	・スクロース ・セルロース ・デンプン など	・酵素 ・ヘモグロビン など	・グリセリド ・テルペン （イソプレノイド） など
用　途	・エネルギー源 ・生体の構造の維持 ・分子，細胞の認識	・生体物質の変換 ・生命維持の支持	・生体エネルギーの貯蔵 ・細胞膜の構成 ・細胞間のシグナル伝達

するといったことはできない。それではどのようにして化学反応を進めているのか，ここで登場するのが**触媒**である。これまでに述べてきた化学反応においても触媒によってより容易に化学反応が進行する。生命体でも，取り入れた栄養素を分解する反応が容易に進むようにするため，**酵素**（enzyme）という触媒を使っている。この酵素は，タンパク質である。人は，食物を分解した後の有機物を使って，自分の体に必要なものを作る。このときも酵素が重要な役割を果たしているのである。このように，生体の活動は，さまざまな有機化合物に支えられている。

炭水化物やタンパク質は巨大分子である。しかし，構成している分子は，これまでに取り扱った有機化合物とほぼ同じくらいの大きさである。これら高分子化合物の性質は，高分子であるがゆえの性質も有するが，本質的にはこれまで述べた有機化合物の特徴から理解することができる。つまり，これまでの章で学んできたことから，生体物質の働きを理解することができる。これら生物の体を作っている有機化合物である脂質，炭水化物（糖質），そしてタンパク質をそれらの構成分子の特徴から説明する。

4.1 脂　　　質

生体成分のうち，極性が低く水に溶けないが有機溶媒などの親油性のものに溶けるものを**脂質**（lipid）といっている。生体内では，表 4.1 に示したようなエネルギー発生源としての用途などとして重要な物質である。

脂質は，脂肪酸を含む物質とテルペン類と呼ばれる物質に大別される。

脂肪酸とは，炭素数 12 個から 18 個の偶数の炭素鎖をもっている長鎖のカルボン酸のことであり，食生活に欠かせないものである。いわゆる油といわれるものの正体である。自然界には，植物油や魚油などとして広く存在している。**図 4.1** に代表的な例を示す。

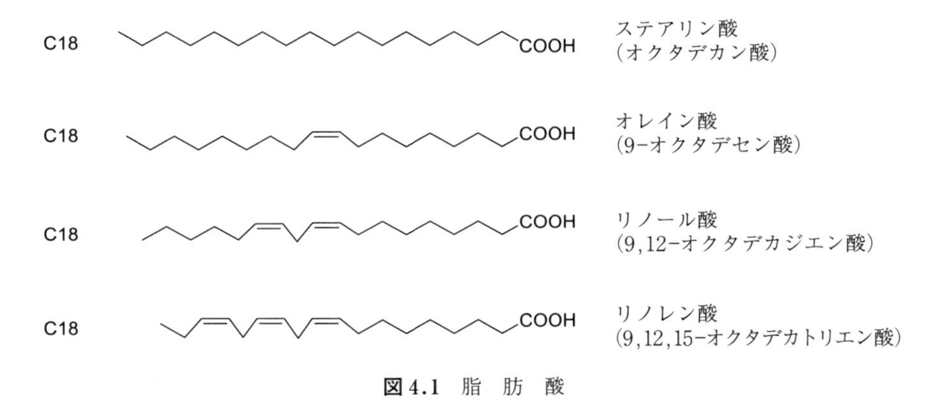

図 4.1　脂　肪　酸

ステアリン酸のように炭素鎖中に二重結合などの不飽和結合を含まない脂肪酸を**飽和脂肪酸**（saturated fatty acid）といい，オレイン酸のように不飽和結合を有するものを**不飽和脂肪酸**（unsaturated fatty acid）という。さらに，自然界に存在する不飽和脂肪酸の二重結合の立体配置は，図 4.1 に示したように，シス配置をとっているものが多い。この立体配置は生命体にとって重要なことである。このことは，つぎのことから知ることができる。

脂質を構成する不飽和脂肪酸から生体の中でさまざまな分子が作られてい

る。その一つが**図 4.2** に示すシス-3-ヘキセノールという炭素数 6 個の鎖状アルコールである。草などを踏みしめたときなどに感じるにおいの成分の一つである。この化合物は二重結合が一つあり，それに起因したトランスの幾何異性体が存在する。トランス異性体は脂肪臭を示し，シス異性体とはまったく異なった香気の特徴をもつ。つまり，生体は分子の幾何構造の違いを明確に感じ取っている。

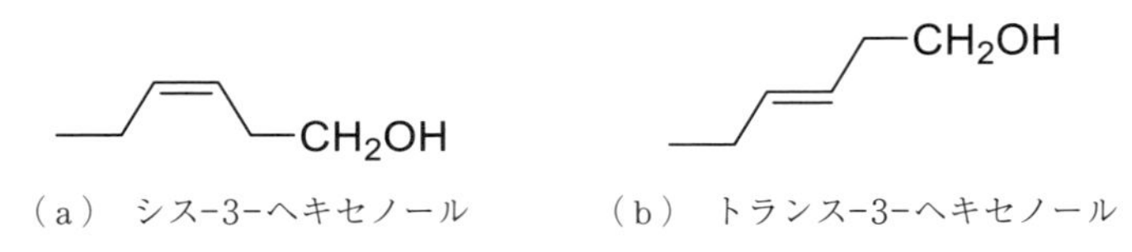

図 4.2　脂肪酸から生成する草のにおい成分とその幾何異性体

油脂とは，脂肪酸とグリセロールが**図 4.3** のようにエステル化によって生成した**グリセリド**（glyceride）（**トリアシルグリセリロール**（triacylglycerol））という化合物群のことである。動物や植物の脂肪のほとんどがこのグリセリドである。グリセロールは三つのヒドロキシ基をもったアルコールであり，これに三つの脂肪酸がエステル結合で結び付いた化合物である。一般に，一つのグリセロールにはさまざまな種類の脂肪酸が結合している。

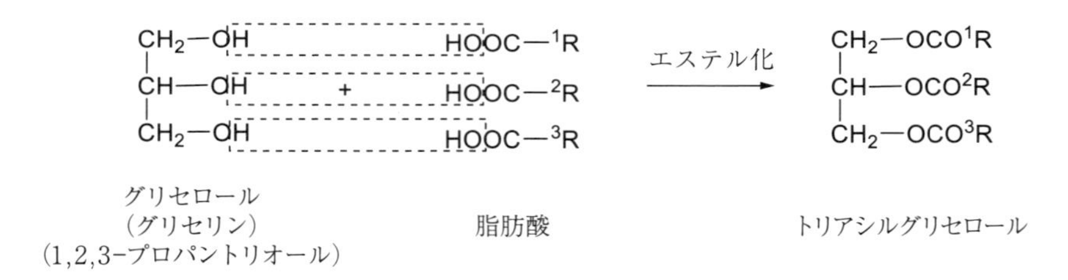

図 4.3　トリアシルグリセロール

また，初めに述べたように脂質の中には**テルペン類**（terpenes）と呼ばれる疎水性の有機化合物群が存在する。炭素 5 個からなるイソプレンが，生体内で二つ結合してできたものをモノテルペン，三つ結合したものをセスキテルペンと呼ぶ（**図 4.4**）。

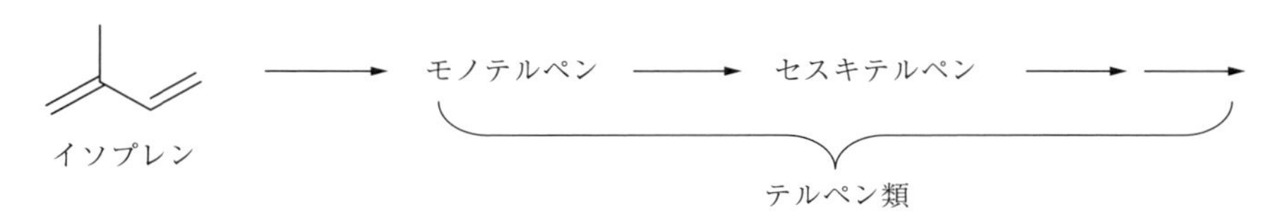

図 4.4　イソプレンからテルペン類

生活の中で私たちを取り囲んでいる木，花，柑橘類などのさまざまな香りを作り出している有機化合物もテルペン類である。**図 4.5** はその一例である。α-ピネン類は，木の香りや花の香りなどの成分であり，リモネンは，レモン，グレープフルーツ，オレンジなどの柑橘類の香りの主成分である。いずれもイソプレンが二つ付いた炭素数 10 個のモノテルペンである。また，リナロールやゲラニオールは，花の香りを与える物質である。これらも，炭素の数が 10 個のモノテルペンである。

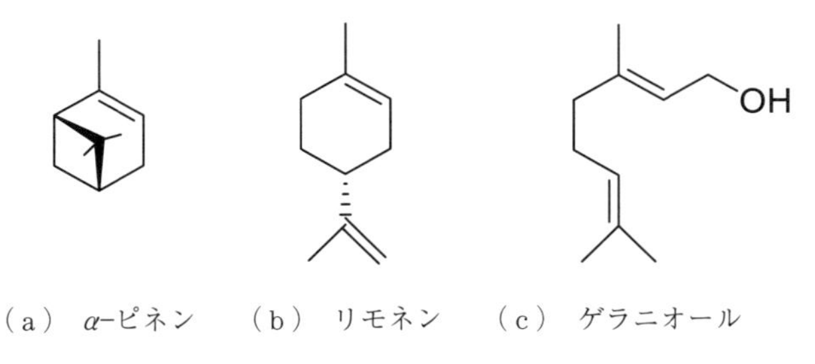

図 4.5　植物の香りのもとのテルペン類

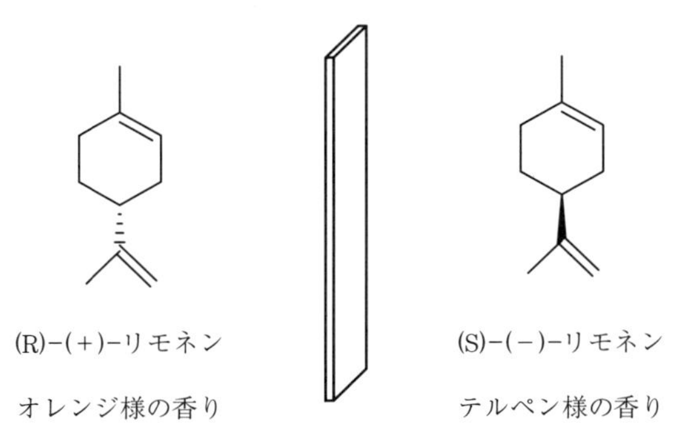

図 4.6　柑橘類のにおい成分リモネンの光学異性体

ところで，リモネンには，不斉炭素が一つ存在する。したがって，鏡像異性体がある。R 体が天然の柑橘類に含まれており，その香りはオレンジ様である。一方，S 体は，テルペン様の香りとまったく異なっている。このように，光学異性体の違いも生体は明確に区別している（**図 4.6**）。

4.2 炭　水　化　物

人は，食物としてデンプンを取り入れ，それを消化吸収してグルコースとして利用している。これらの栄養素が**炭水化物**（**糖質**）（carbohydrate）である。動物のエネルギー源として最も重要な生体物質である。**図 4.7** に示すように，分子骨格を形成している炭素の数によって分類されている。最小の炭素数の糖は，3 個の炭素からなっていて**トリオース**（**三炭糖**）（trisaccharide）と呼ぶ。この分子には不斉炭素が一つ存在しているが，天然中の糖は，図 4.7 に示した立体構造のものであり，D 体と定義されている。図で見てわかるよう

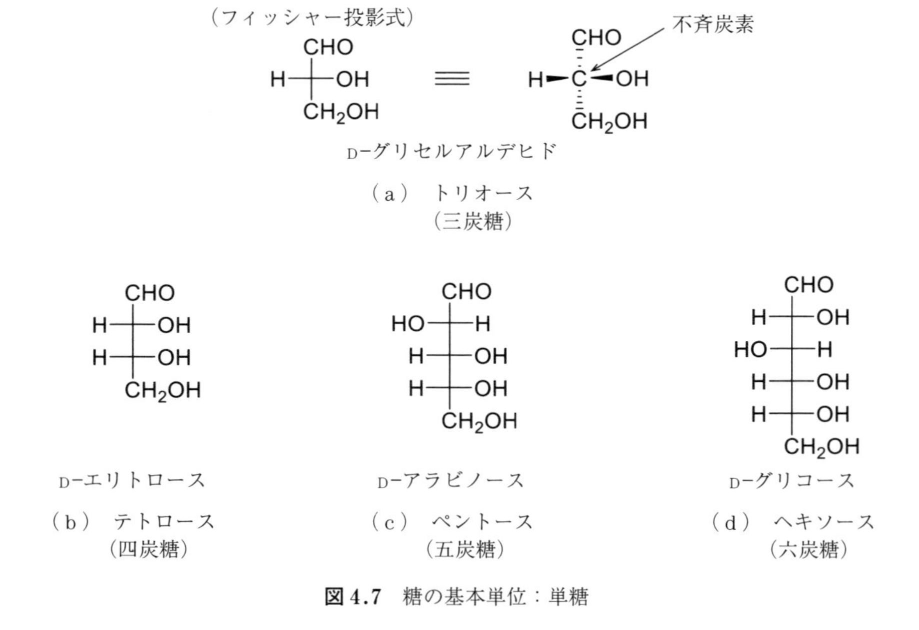

図 4.7　糖の基本単位：単糖

に，炭素の数が増えるにしたがって，不斉炭素の数も増えていく。このような立体構造を有する分子構造を表現するため，**フィッシャー投影式**（Fischer projection）という立体構造の書き方が取られている。図4.7(a)の左の図が，フィッシャー投影式という方法で立体を表現したものである。その右に書かれているのは，いままでにも何回か登場してきた立体図の描き方である。この二つは同じ立体構造を表している。フィッシャー投影式では，不斉炭素の横に描いた線は，紙面から手前に出ている結合を意味している。そして上下に描いた線は，紙面の向こう側に出ている結合を意味している。この方法を用いると，図に示したように，不斉炭素の数が増えていっても，その立体を容易に示すことができる。このため，この表示方法は，糖質の分子構造の立体を描くときに使われている。

つぎに，糖類の特徴について説明する。図4.7を見てみてわかるように，糖という分子はその構造中にじつにたくさんのヒドロキシ基（OH基）をもっている。このため，水に非常によく溶ける。自然界では，炭素数5個と6個の糖のペントースとヘキソースが最も多く存在する。図に示した糖を**単糖**（monosaccharide）といい，この単糖類が二つ結合したものを**二糖類**（disaccharide）と呼んでいる。

さらに，単糖類には**図4.8**のような構造上の特徴が存在する。溶液中では，糖はこれら3種類の構造を有する分子の平衡混合物として存在している。通常は鎖状構造よりも環状構造で存在している割合が多い。環状の構造はシクロヘキサン環の椅子形配座と同じ配座で存在し，鎖状の構造から閉環するときに二つの閉環の方法が存在することから，生成する環状化合物のOH基の方向が異

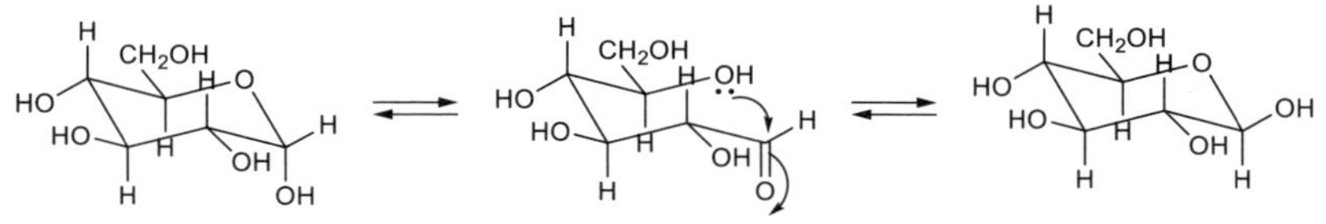

図4.8 糖の構造

なってくる。この違いによって生じる二つ異性体を，それぞれ α と β として区別している。また，これらの構造のうち鎖状構造の化合物には**ホルミル基**（formyl group）が存在する。この官能基は容易に酸化されカルボン酸になる。鎖状の D-グルコースは，酸化によって D-グルコン酸になる。このような酸化されやすい糖を**還元糖**（reducing sugar）という。

自然界には単糖類として存在していることはなく，単糖類どうしが脱水縮合していくつも連なって巨大分子（**多糖類**（polysaccharide）という）を形成している。例えば，**図 4.9** に示したセルロースは，単糖の D-グルコールが連なった高分子化合物である。天然に存在する多糖類は酵素などの働きによって分解され，生体の構造維持や機能に使われている。ちなみに，砂糖といわれるものは，その主成分は図 4.9(a)のスクロースといわれる化合物で，2 種類の異なった単糖類が脱水縮合した二糖類である。この例で見られるように単糖類の中には六員環（ピラノース）以外に五員環（フラノース）のものも存在する。

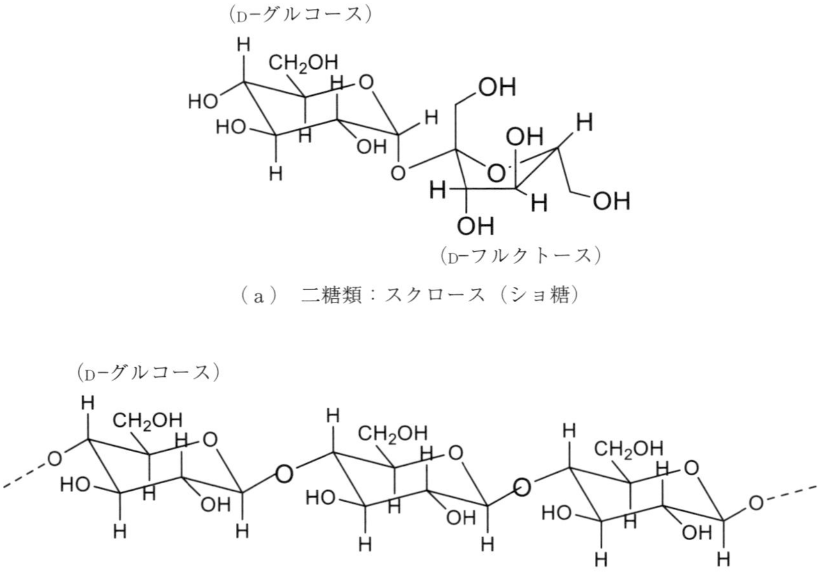

（D-グルコース）

（D-フルクトース）

（a）　二糖類：スクロース（ショ糖）

（D-グルコース）

（b）　多糖類：セルロース

図 4.9　二糖類と多糖類

4.3 タ ン パ ク 質

アミノ酸を構成単位として**タンパク質**（protein）が作られている。**アミノ酸**（amino acid）とは，アミノ基（NRR'）とカルボキシ基（COOH）の両方の官能基をもつ有機化合物のことを指すが，特に**図 4.10** に示すように，一つの炭素原子にアミノ基とカルボキシ基をもつ ***α*-アミノ酸**（*α*-amino acid）という分子が生体にとって重要なアミノ酸になる。R が H のグリシンというアミノ酸の炭素原子には水素原子が 2 個とアミノ基 NH_2 とカルボキシ基 COOH が結合している。このグリシン以外は，炭素原子にすべて異なった原子団が結合している不斉炭素原子をもっている。不斉炭素原子をもっているということは鏡の関係にある鏡像異性体が存在するということになる。図 4.10 で示した立体配置で *α*-アミノ酸の立体構造が規定され，一方を，L-アミノ酸といい，こ

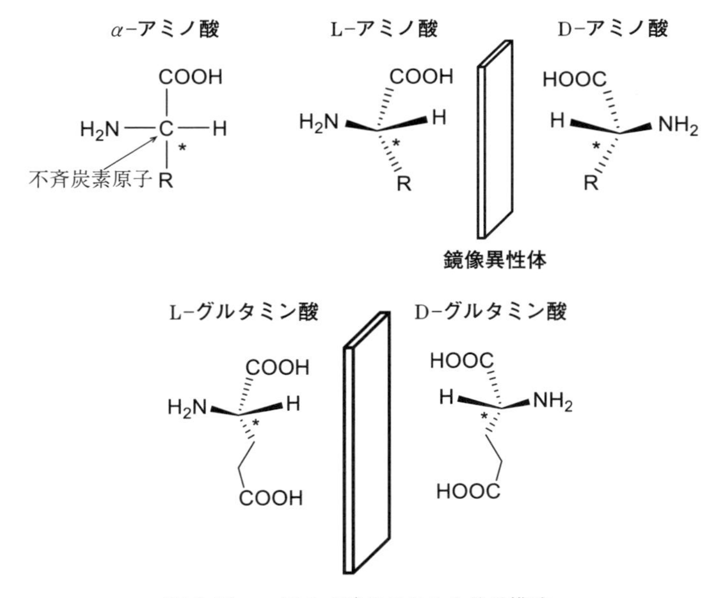

図 4.10　*α*-アミノ酸のキラルな分子構造

のアミノ酸の鏡の関係にあるものをD-アミノ酸という。身近な例では，グルタミン酸をあげることができる。二つの異性体のうちL体だけがうまみを示すため，調味料などに使われている。

α-アミノ酸の分子にはアミノ基 NH_2 とカルボキシ基COOHが存在する。この二つの官能基はどちらも水と仲が良い親水性の官能基である。この二つの官能基の存在により水によく溶ける。逆に，有機溶媒など油性のものにはほとんど溶けない。ここで有機化合物の酸塩基のことを思い出してみる。アミノ基は窒素上の不対電子によって塩基としての働きをする。また，カルボキシ基COOHは H^+ を生成する能力がある，つまり酸として働く。このように，α-アミノ酸は分子中に塩基と酸の両方の官能基が存在している。この二つの官能基のため，水溶液中の酸の濃度によって**図4.11**のような3種類の異なった構造で存在することになる。図の真ん中の構造の分子は，分子中にアニオンとカチオンが存在する。このような構造のイオン性の分子を**双性イオン**（zwitterion）という。

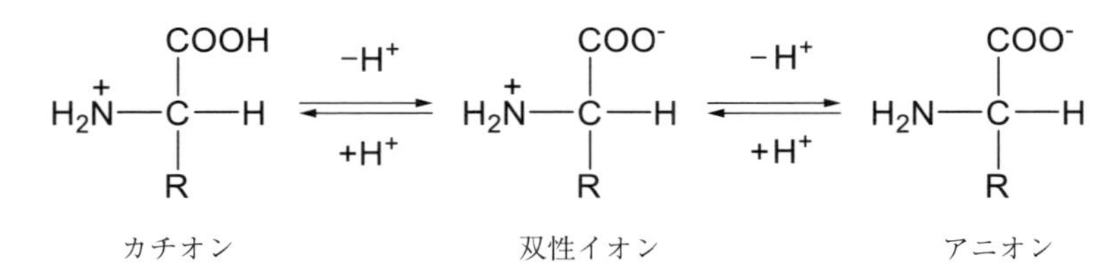

図4.11　α-アミノ酸の双性イオンとしての分子構造

α-アミノ酸のRの部分にいろいろな分子構造をもつ20種類のα-アミノ酸が生体にとって必要なもので，**必須アミノ酸**（essential amino acids）といわれる。グリシン以外の19種類のα-アミノ酸は，すべて不斉炭素原子をもっている。ところで，タンパク質を構成しているα-アミノ酸はすべて二つの鏡像異性体のうちの一方の立体配置をもっているアミノ酸（L-アミノ酸）からのみ作られている。このことは，化学物質の生体の働きにとって重要なことである。

図 4.12 ～ **図 4.16** にグリシンを含めた 20 種類のアミノ酸をあげる。これらのアミノ酸がたくさん結合してタンパク質が作られている。図中の各アミノ酸の名前のカッコのなかの G や Gly はその略号で，20 種類のアミノ酸すべてに略号が決められている。タンパク質はこれら 20 種類の α-アミノ酸がいくつも連なって作られている巨大分子である。そのため，タンパク質分子の構造を示すときに，いちいち分子式などを書いては不便なため，このような略号を使う。

ここで，また，図 4.12 ～ 図 4.16 を見てみる。これらの図では α-アミノ酸の R（側鎖という）によって分類してある。側鎖は，じつに多様な性質の原子団からできている。酸性のものや塩基のもの，親水性のものや親油性のものなどである。有機分子のもっている重要な性質がすべてこの側鎖に存在している。このことが，タンパク質のさまざまな働きの重要な要因となっている。

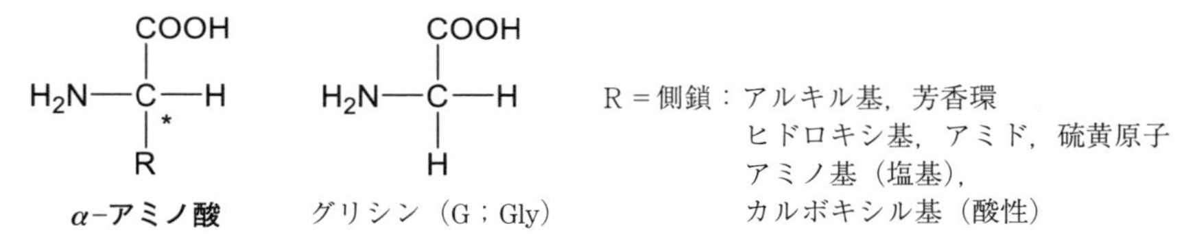

図 4.12 生体を構成する α-アミノ酸

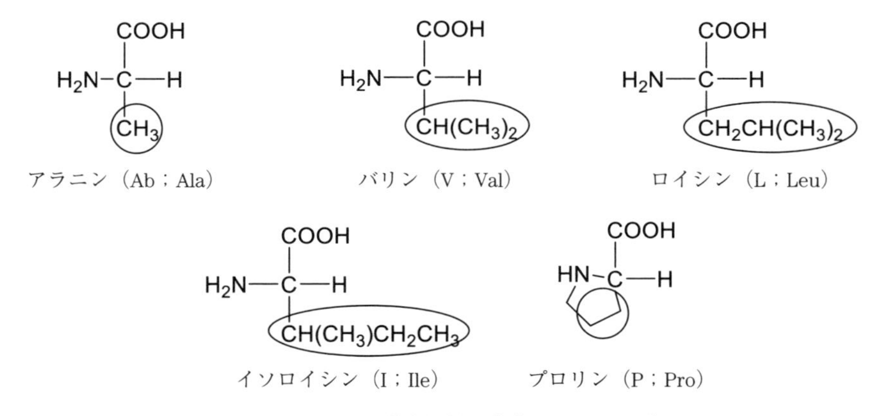

図 4.13 アルキル基を側鎖に有する α-アミノ酸

フェニルアラニン（F；Phe）　チロシン（Y；Tyr）　トリプトファン（W；Trp）

図 4.14　芳香環を側鎖に有する α-アミノ酸

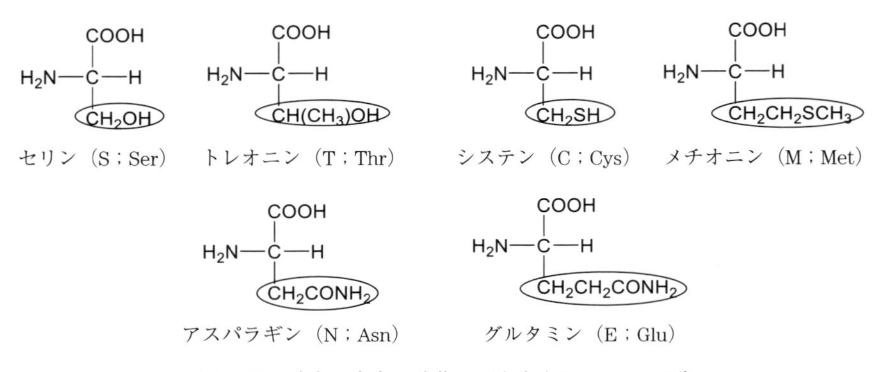

図 4.15　酸素，窒素，硫黄原子を有する α-アミノ酸

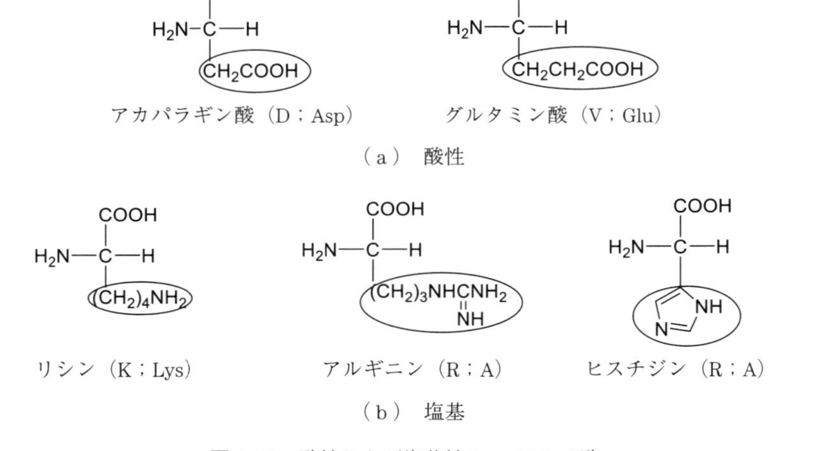

図 4.16　酸性および塩基性の α-アミノ酸

α-アミノ酸からどのようにしてタンパク質が作られているのか。**図 4.17** に示すようにα-アミノ酸のアミノ基が求核剤として働いてδ+性をもったカルボキシ基の炭素と反応して**ペプチド結合**（peptide bond）を形成する（反応機構については**図 4.18** 参照）。ここで，^{1}R ^{2}R は異なったα-アミノ酸の側鎖を示している。

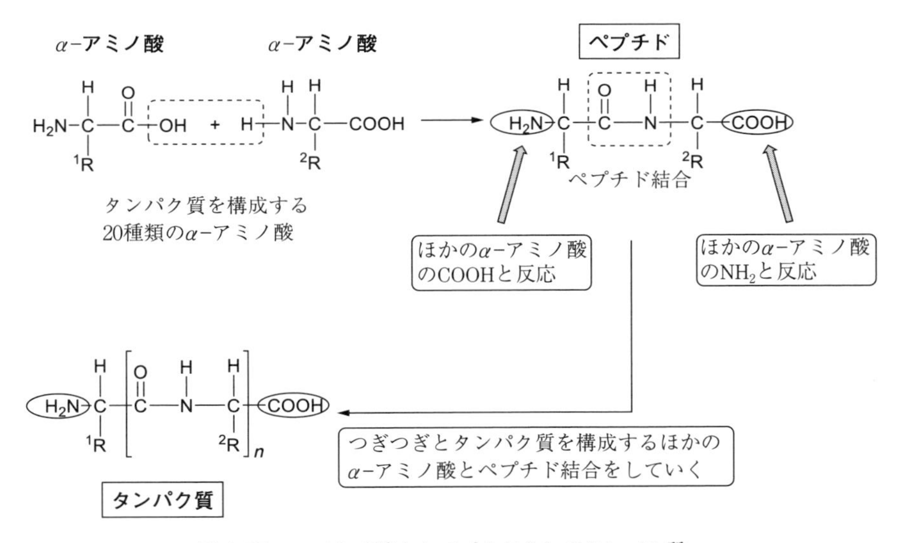

図 4.17 α-アミノ酸からペプチドそしてタンパク質へ

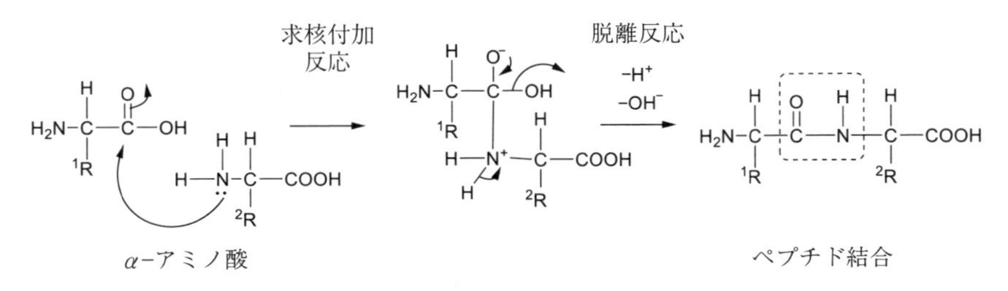

図 4.18 α-アミノ酸からペプチドの生成反応機構

α-アミノ酸は図 4.17 に示した過程を何万回も繰り返すことでタンパク質という高分子になっていく。その結果，ペプチド結合でつながった**図 4.19** で示す巨大分子が出現する。このとき，巨大分子の表面にもとのα-アミノ酸の側

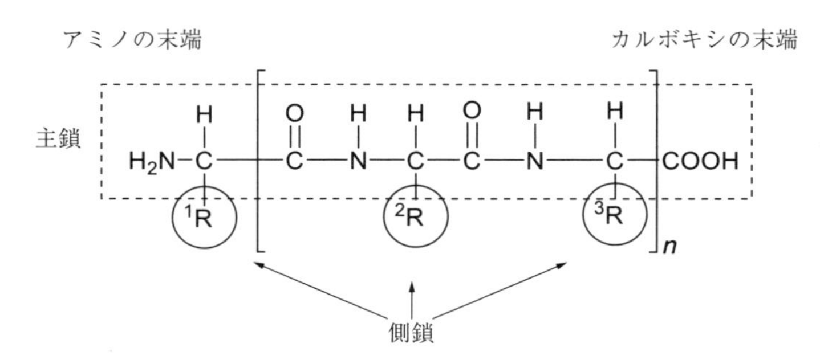

図 4.19　タンパク質の構造

鎖が並ぶことになる。この側鎖は先ほど説明したようにさまざまな性質をもっている。例えば，側鎖がアルキル基（図 4.13）であれば，タンパク質は疎水性の性質を示す。また，カルボキシ基であれば，酸性の性質を発現するようになる。

他の分子がタンパク質に近付くとこの側鎖の原子団に遭遇する。側鎖原子団の組合せによって相手の分子と親水性，疎水性，酸，塩基などに基づくさまざまな相互作用が繰り広げられることになる。基本的には，このようなしくみで生体のさまざまな働きが生み出されてくる。

4.4　合成高分子化合物

糖質，タンパク質，脂質などの天然に存在する高分子化合物と同じように，プラスチック，化学繊維などのように人工的に小さな分子から巨大分子が作られている。これらを天然高分子化合物に対して**合成高分子化合物**（**ポリマー**）(polymer) という。**図 4.20** にその例を示す。高分子化合物を構成しているもとの分子を**単量体**（**モノマー**）(monomer) という。例えば，エチレンやスチレンが多数結合してポリエチレンやポリスチレンといった高分子化合物が合成される（ポリとはたくさんという意味）。

これらの合成高分子化合物は，ラップ，ビニール袋などさまざまな用途に使

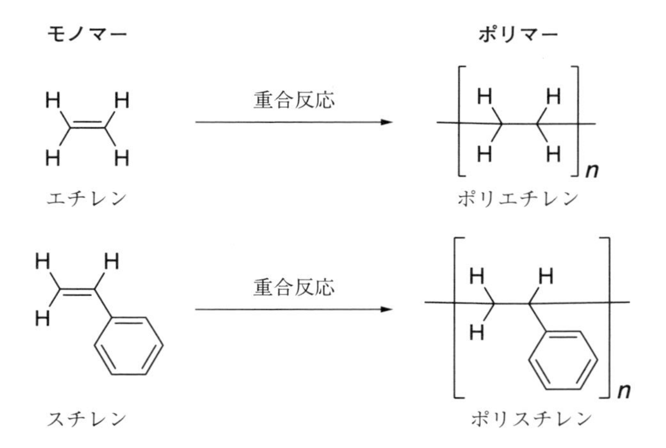

図 4.20 合成高分子

われている。室温で，モノマーのエチレンはガスで，スチレンは液体である。これらの単量体が多数連なることによって，新しい性質を獲得した高分子化合物になる。

さまざまな高分子合成法と高分子材料の開発によって，成形素材や塗料，接着剤として合成高分子化合物の用途は広がっている。1 種類のモノマーだけで作られている高分子を**ホモポリマー**（homopolymer）といい，複数の種類のモノマーで作られたポリマーを**コポリマー**（**共重合高分子**）（copolymer）という。

高分子化学製品のうち，弾性の大きなものをゴムといい，それ以外をプラスチックと呼んでいる。ただし，プラスチックでも，硬くて弾性がほとんどないものから，かなり弾性のあるものまで，その性質は幅広く，両者の区別は明確ではなくなっている。

5 香りがナビゲートする有機化学

1章から4章にわたって，有機化学の基本を学んだ。各章のところどころに，においの化学が顔を覗かしていたかと思う。本章では，これまでに学んだ知識をもとに，においという有機化合物の重要な性質を手掛りとして，有機化学をとらえてみることにする。その際，実際の研究がどのようにされているのかもわかるようにし，化学の重要な知識が，においを軸として躍動していく様を感じられるように心がけて記述した。さらに，最新のにおいの科学についての知識も取り入れ，有機化合物のにおいの変化から，化合物の構造の多様性も実感できるようにした。

5.1 香りを感じる仕組み

においのもとは，有機化合物である。特にテルペン類は，重要な香気物質である（4章参照）。代表的な化合物の例を**図5.1**に挙げる。α-ピネンやβ-ピネンは，樹木の香気にとって重要な物質である。リモネンは，柑橘（かんきつ）類に多く含まれ，柑橘類のにおい発現の基盤となっている。これらはすべて，炭素原子と水素原子の二つの原子からのみ構成されている。つまり，油によく溶ける脂溶性の脂肪族炭化水素である。また，一つだけ酸素原子を含んでいるリナロールやゲラニオールは，花の香り成分として，さまざまな種類の花に含まれている。同じく酸素原子を一つ含むメントールは，はっかの主要成分であり，食品などに広く使われている。これら，酸素を含む化合物も分子の骨組みの基本は炭素と水素から作られており，基本的には脂溶性である。このように，においを有する有機分子は，炭素原子，水素原子などのわずかな種類の原子だけから作ら

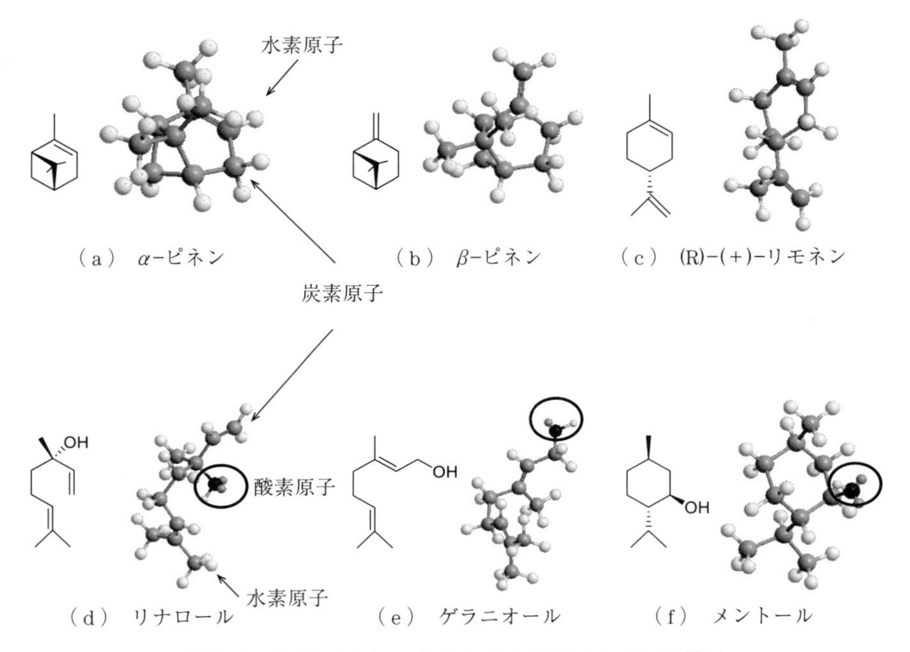

図 5.1　代表的なにおいを有する有機分子とその分子模型

れている。しかし，それらの分子のにおいは変化に富んでいる。その原因は，図 5.1 を見てわかるように，その分子の形にある。

ところで，人がにおいを感じるとはどういうことか，**図 5.2** にその仕組みを簡単に示す。においを感じるということは，図 5.1 で示したような有機分子が，鼻に存在するにおいを感じるところ（におい受容体と呼んでいる）と接触することから始まる。この接触（相互作用）が，信号に変えられ脳に伝わって

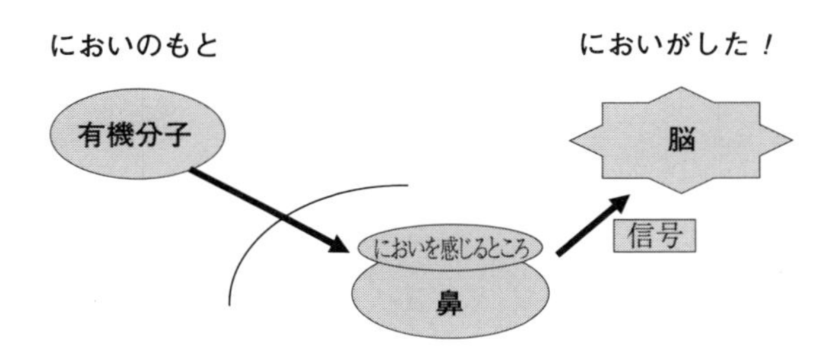

図 5.2　においを感じるとは？

初めてにおいを認識するのである。つまり，においを感じるもとは，におい分子と受容体の出会いである。におい受容体が，有機分子の形を認識して，人はさまざまなにおいを感じるのである。有機分子が存在して，初めてにおいが生まれる。

もう少し，においと有機分子の形との関係について説明する。最もよく知られているにおい分子の一つがエタノールである。酒の重要な成分であり，いわゆるアルコール臭を有する有機分子である。その分子は，**図5.3**に示す構造を有している。炭素原子2個で親油性の分子骨格が作られ，そこに親水性のヒドロキシ基が結合している。数多くのにおい分子には珍しく，水によく溶ける。それは，親油性の構造部分が小さいため，親水性のOH基の性質が勝っているためである。では，エタノールの炭素骨格部分が増えたらどうなるであろうか。**図5.4**には，エタノールにさらに炭素原子が一つ増えたプロパノール，そしてさらにもう一つ増えたブタノールを示してあるが，2章の図2.5で示してあるように，この順番に水への溶解性が減少していく。つまり，分子としての親油性が増している。この一連の変化は，においとして明確に現れてくる。炭素数が増えるに従って脂溶性のにおいの特徴である油臭さが増してくるのである。このように，分子の構造上の変化をにおいの変化としてとらえることができる。

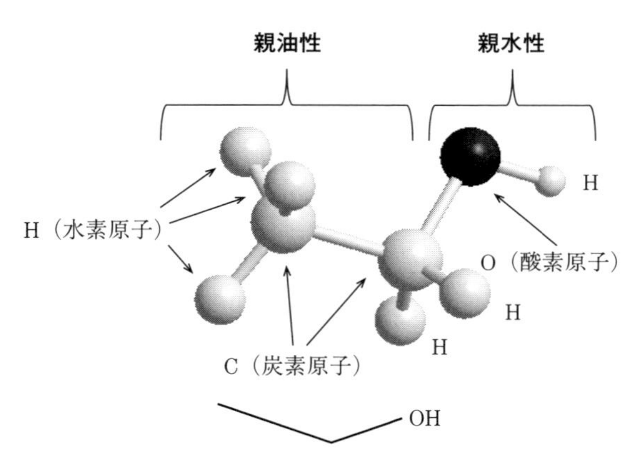

図5.3　におい分子エタノール C_2H_5–OH の構造上の特徴

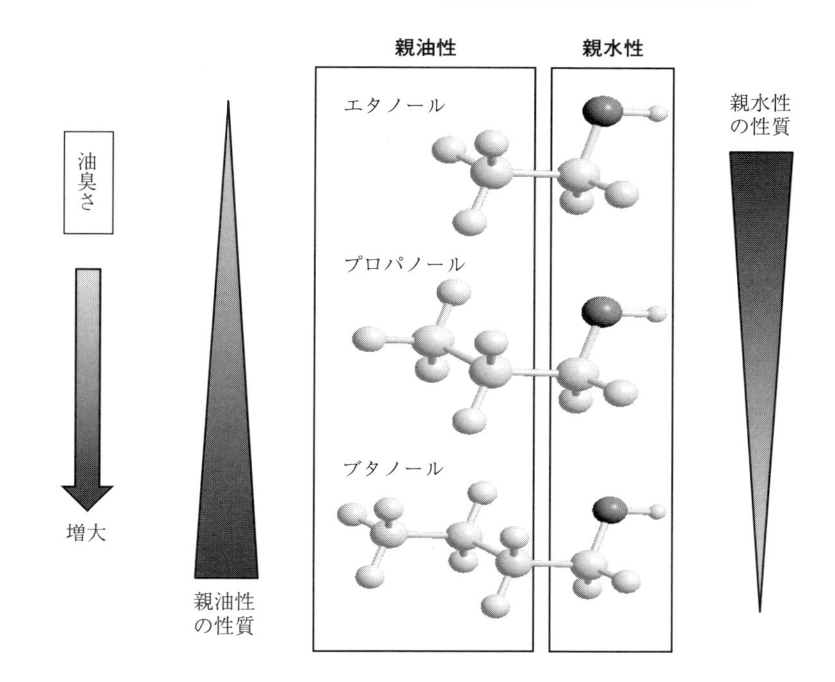

図 5.4　鎖状アルコール類の炭素数と構造上の特徴

では，分子のほかの構造上の変化もにおいの変化としてとらえることができるのか。つぎに，二重結合の存在から生じる幾何異性体とにおいの関係について見てみることにする。このことについては，すでに1章で取り上げている。図1.17に示した二つの幾何異性体の香気は明確に異なっている。分子の構造の違いに着目した図を改めて**図 5.5**に示す。シス体とトランス体ではその分子の空間的な形は非常に異なっている。脂肪臭（油臭いにおい）を有するトランス体は，直線的な分子構造をもっているのに対して，シス体はお椀状の分子構造をもっている。そして，そのにおいは，鋭いグリーン臭である。ところで，図5.5の化合物は炭素数6個の脂肪族アルコールである。したがって，図5.4から考えて，脂溶性が増してその結果，脂肪臭も強くなると考えられる。実際，トランス体は，脂肪臭を示す。しかし，シス体は違う。単に炭素の数だけでなく，分子の空間的な構造の違いがにおいの違いとして現れているのであ

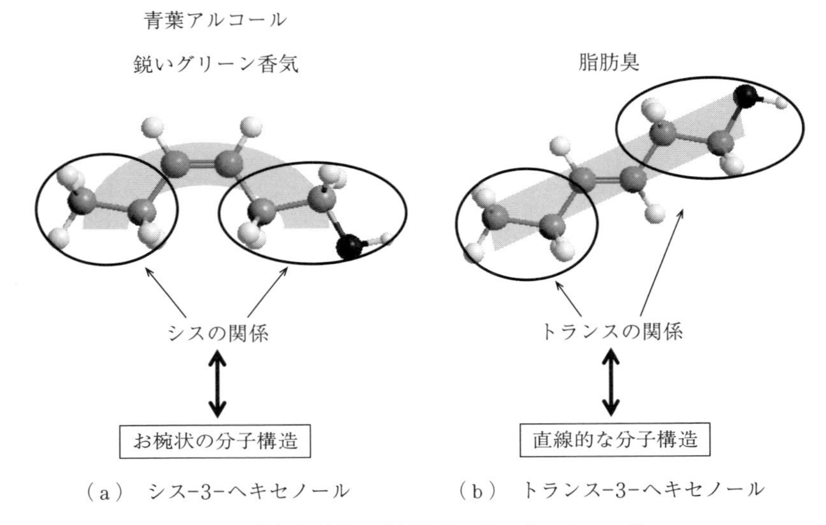

図 5.5　幾何異性体の分子構造の違いとにおいの違い

る。ここで，初めに示した図 5.1 のにおい分子を見てみることにする。これらの分子の炭素数は 10 個である。当然，脂溶性である。しかし，さまざまな分子の形をしているため，さまざまなにおいを示す。以下，もう少し，詳しく見てみる。

ゲラニオールは，バラの花の香りを示す物質としてとしてよく知られているにおい分子であり，モノテルペンの一つである。その分子構造の特徴を**図 5.6** に示す。この分子は，炭素 10 個が連なってその分子骨格を構築し，その末端にヒドロキシ基が結合したアルコールである。そして，分子中に二つの二重結合があることから，図に示してあるように分子の形は直線ではなく折れ曲がった形をしている。二重結合のうち A に基づく幾何異性体はない。しかし，二重結合 B に基づく幾何異性体は存在する。ゲラニオールは，この B の二重結合が E の配置を有する化合物である。Z の配置を有する化合物も天然物としてホップなどに含まれ，ネロールという別の名前が付けられている。そのにおいは，ゲラニオールとは少し異なったフレッシュなグリーン臭をもつバラの香りである。分子の形が似ていることから，そのにおいも似てくる。

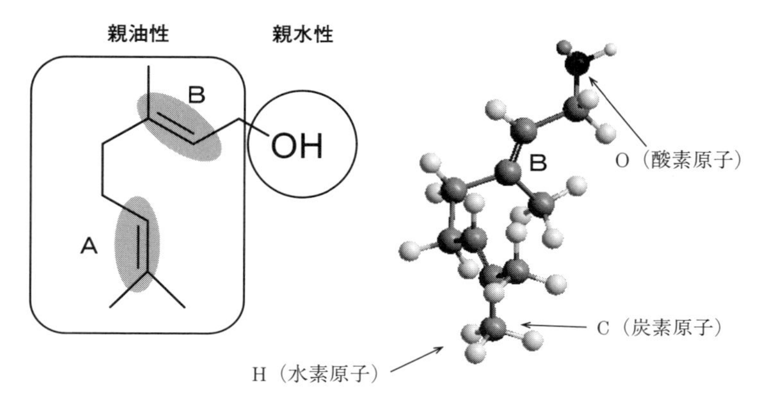

図 5.6　ゲラニオールの分子構造の特徴

二重結合以上に分子の形を大きく変える構造として環状構造がある。**図 5.7** に示すメントールは，分子中にシクロヘキサン環をもっている炭素数 10 個のモノテルペンのアルコールである。分子の形が，ゲラニオールとは顕著に異なっており，そのことはにおいの違いとなって現れている。これは，はっかのにおいのもとである。さらに，この分子には，もう一つ構造上の特徴がある。不斉炭素の存在である。しかも，その不斉炭素が三つある。一つの不斉炭素に基づいて R と S の立体異性体が存在するから，この分子には 4 組みの鏡像異

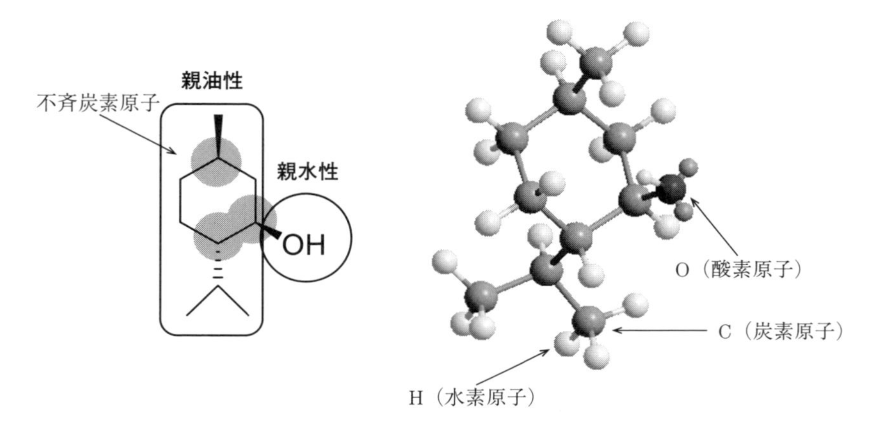

図 5.7　(−)-メントールの分子構造の特徴

性体からなる8種類の立体異性体が存在する。この8種類の異性体のうち，図5.7で示した構造のものがはっかの成分の香りを示している。

ここまでは，一つひとつのにおい分子について見てきたが，天然の素材の香気は，たくさんのにおい分子の集合体である。では，たくさんのにおい分子が集まったときのにおいはどうなるだろうか。いろんなにおいが交じりあったにおいがするのだろうか。最近のにおいについての研究から，興味深いことに，におい分子の形が大きく関係していることがわかってきている。ここで，柑橘類を例に説明する。

柑橘類のにおいを特徴付ける主成分は，リモネンという炭素数10個のモノテルペンである。**図5.8**にその構造を示す。炭素原子と水素原子の二つの原子だけから作られている炭化水素であるが，その分子構造は単純ではない。分子中に，一つの不斉炭素がある。天然の柑橘類には，Rの立体を有するリモネンが80～90％含まれている。レモン，オレンジ，グレープフルーツ，伊予かん，夏みかん，これらすべての香気成分の大部分は，リモネンである。リモネンのにおいは，柑橘類の特徴を示しているが，これらの柑橘類は明確に異なっ

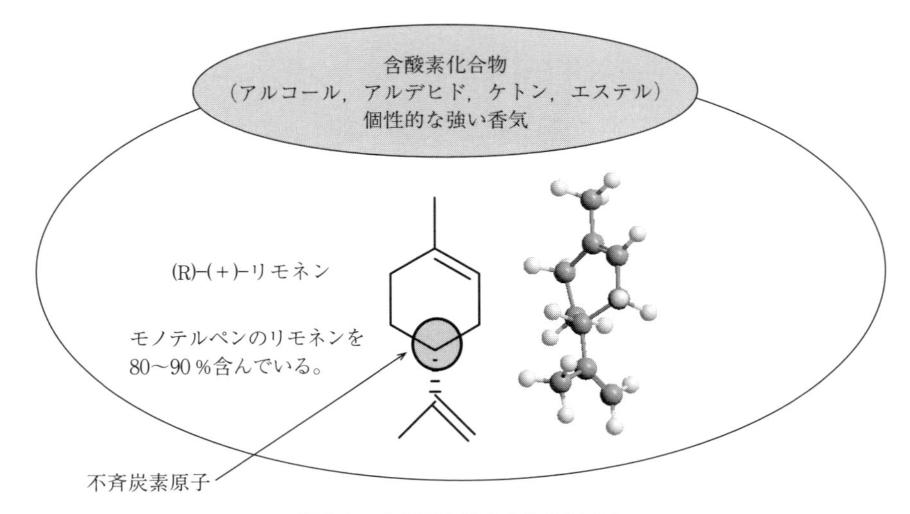

図5.8　柑橘類を構成する香気成分

たにおいをもっている。それぞれの柑橘類のにおいは，そこに含まれている少量のさまざまな種類のテルペン類が組み合わさって作られている。このとき，個々の成分のにおいが即その柑橘類のにおいとは結び付かない。同じような成分を含んでいるのに異なったにおいを示す。

ところで，人がにおいを感じるときに，図5.2に示したように，まず初めににおい分子がにおいを感じるところ，つまりにおい受容体と相互作用することから始まる。たくさんのにおい分子があれば，その個々の分子でにおい受容体と相互作用する。このとき，単純に一つのにおい分子が一つの受容体と相互作用するわけではない。**図5.9**に示すように，一つのにおい分子は，複数のにおい分子と相互作用して，その相互作用すべての信号が脳に伝わり，その分子のにおいを認識するという仕組みになっている。例えば，リナロールという分子のにおいを認識するには，特定数のにおい分子と相互作用して初めて達せられる。つまり，一つのにおい受容体グループ総出で，初めて一つのにおい分子のにおいを認識するという仕組みになっている。例えば，ゲラニオールなら，

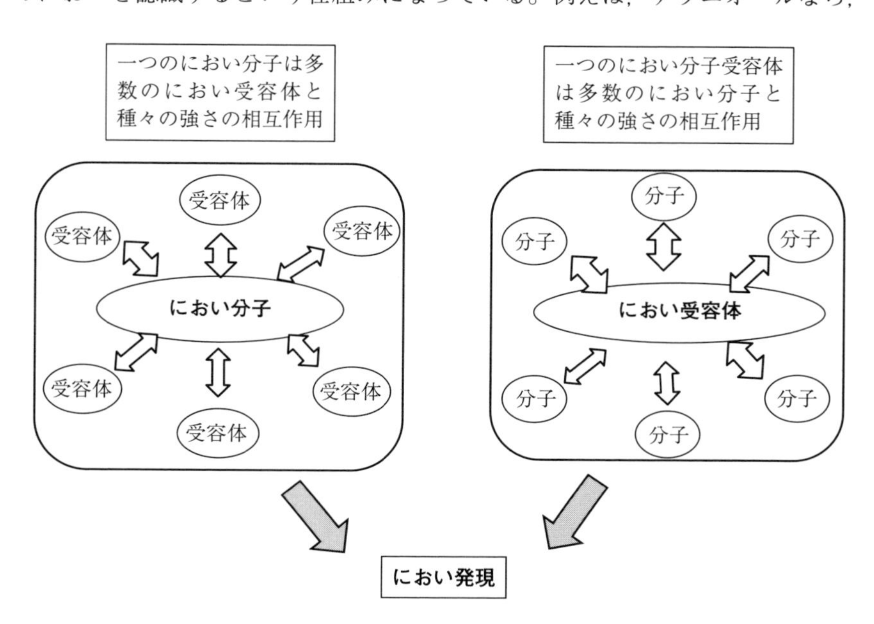

図5.9　におい分子とにおい受容体の相互作用によるにおい発現の仕組み

リナロールとは別のおい受容体グループによってそのにおいが認識されているということである。一方，におい受容体は，特定の一つのにおい分子だけと相互作用するのではなく，別のにおい分子とも相互作用する。このように，におい分子とにおい受容体とは互いに複雑に関係しあって，一つの素材のにおいを作っている。

さて，ここで，問題が生じる。人のにおい受容体の数は約 400 ということがわかっている。すると，一つのにおい分子の認識のために，におい受容体が，仮に 20 必要だとしたら（この数はにおい分子によってまちまちである），すべて異なったにおい分子が使われているとすると，20 しか，異なったにおいを認識できないことになる。しかし，人は膨大な数のにおいを区別している。では，どうなっているのか。最近の研究で，におい分子が別のにおい分子と相互作用するとき，類似した分子構造の分子とは相互作用し，明確に異なっているときはしないということがわかっている。すると，二つの似たにおい分子，例えば，**図 5.10** で示す互いの形の似たリナロールとゲラニオールが共存した場合，それぞれのにおいを認識するのに使われているにおい受容体に，重複が生じることになる。そうなると，重複したにおい受容体は，一方の分子としか相互作用できないことになり，もう一方の分子は，少ない数のにおい分子としか相互作用しないことになる。つまり，本来のその分子のにおい受容体との相互

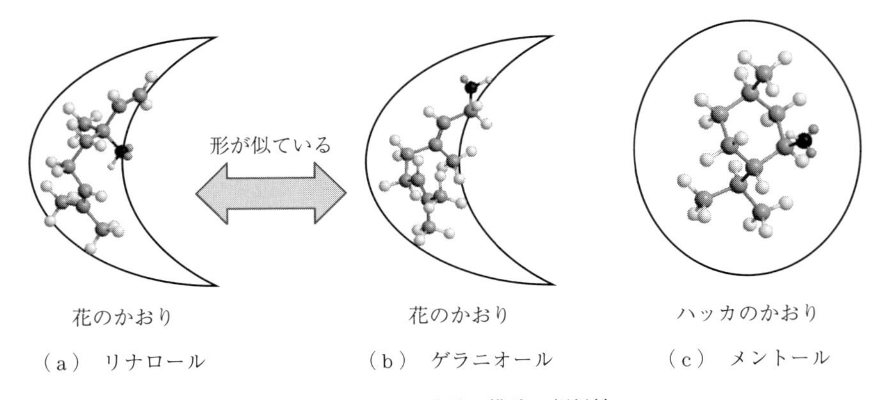

（a） リナロール　（b） ゲラニオール　（c） メントール

図 5.10　におい分子の構造の類似性

作用でもたらされる信号が変わってしまうことになる。その結果は，別のにおいを生み出すことになる。大筋このように単純化して考えることができる。通常，天然の素材のにおい分子は，形の似たものがたくさん集まっている。その結果，集まる成分の組合せが少しでも変われば，異なったにおいの発現となって現れてくる。このように考えることで，先の柑橘類のにおいの違いも理解することができる。

このように，有機分子の構造の違いが，生体にとって非常に重要なものである。したがって，有機分子の構造に対するしっかりとした理解が必要である。

5.2　天然の香気素材から香りの成分の抽出

前節では，有機分子の構造の重要性をにおいと関連付けて説明した。ところで，有機化学にとって基本となる有機分子はどのようにして得られるのだろうか。大きく二つに分けられる。一つは，化学反応を利用して，合成して得ることである（化学合成品）。もう一つは，天然から取り出すことである（天然物）。合成の場合には，目的とする化合物を，これまでに知られている種々の反応を利用して得ることになる。場合によっては，目的の達成のため，新しい反応を開発することもある。このことについては，次節で詳しく述べる。では，天然物は，どのようにして得るのか。ここでは，天然の香気素材からにおい物質をどのように取り出すかについて説明する（**図 5.11**）。

天然物から，そこに含まれている有機物を取り出す最も簡便な方法は，有機溶剤による抽出である（有機溶剤抽出法）。目的とする天然物が，水溶性もしくは極性が大きいものである場合には，メタノールやアセトニトリルのような極性の高い有機溶媒を素材と混ぜ，素材から，有機物を有機溶剤に溶かし出させる，つまり抽出する。におい成分の場合には，脂溶性であるので，ヘキサンなどの非極性溶媒を使わないと天然素材から効率よく取り出せない。これ以外に，におい成分では，水蒸気の力を借りて取り出す水蒸気蒸留法や，素材を圧縮して絞り出す圧搾法など，このほかにも目的に応じてさまざまな方法があ

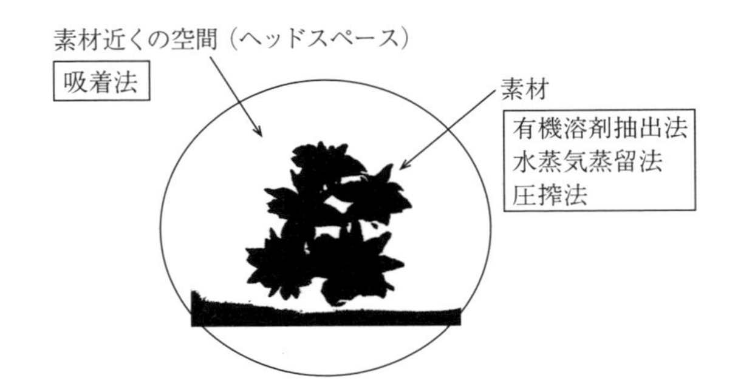

図 5.11　香気成分のあるところと香気成分を取り出す方法

る。ここまでは，天然物の研究で広く用いられている方法であるが，におい成分については，もう一つ重要な方法がある。におい成分には，沸点の低いものも多い。図 5.11 に示したように，素材の周り空間（このことをヘッドスペースと呼んでいる）に漂っている成分は，その素材にとって，初めて感じるにおいとして非常に重要である。この成分を取り出すにはどのようにしたらいいのか。これまでに述べた方法では難しい。そこで，空間に漂っている成分を，吸着によって捕獲する方法がとられる。いったん捕獲した成分を，有機溶剤や熱によって，再び取り出すことで，におい成分を取り出す。

5.3　天然香気抽出物の成分分析

合成や抽出によって得られた有機分子が，どのような構造であるのか。つぎに必要なことは分析のステップである。まずは，得られたものをそのまま分析することもあるが，どんな化合物であるか，その構造を決めるには，物質をきれいにする，つまり精製する必要がある。通常はクロマトグラフィーが使われる。これに，再結晶や蒸留が組み合わされて，化合物が精製される。

つぎに，有機化合物の構造はどのようにして決められているのか，その手順について簡単に説明する。

現在，構造決定には，おもにつぎの機器分析が用いられている。

A. 質量分析法（**m**ass **s**pectrometry, **MS**）

B. 赤外分光法（**i**nfra**r**ed spectroscopy, **IR**）

C. 核磁気共鳴分光法（**n**uclear **m**agnetic **r**esonance, **NMR**）

Aの質量分析法は，高真空条件下，分子に電子を当てて生成するカチオンの分析によって，分子量や分子式に関する情報を得る分析方法である。この分析法は，有機物の構造決定や化合物の同定にも使われる。Bの赤外分光法は，赤外線を分子に当て，有機分子の結合が赤外線を吸収する現象を利用した方法である。この方法によって，その有機分子中にどんな官能基があるかがわかる。Cの核磁気共鳴分光法は，分子を磁場の中に置いた場合の水素原子や炭素原子などが磁石の性質を示すことを利用した方法である。この方法では，水素原子どうしのつながりや炭素原子どうしのつながりなどの有機分子の骨格構造に関する情報が得られる。さらに，NMRからは，官能基に関する情報や分子式に関する情報も得られることから，有機分子の構造決定にとって最も重要な機器分析方法になっている。また，NMRは，いくつかの化合物が混合した状態での個々の分子についての情報も得ることができ，精製する前の状態から精製した状態まで一貫した情報を得ることができる。この点から香料化学にとっては，最も重要な機器分析手段である。ただし，欠点もあり，混合物の場合，混合成分の数が多くなると，お手上げになってしまう。その場合に有力な方法がガスクロマトグラフィー（gas chromatography, GC）である。この方法については，のちほど説明する。

まず，NMRについて，リモネンを例に説明する。NMRには，水素原子に関する情報が得られる^{1}H NMRと炭素原子に関する情報が得られる^{13}C NMRが特によく使われる。リモネンの^{1}H NMRスペクトルチャートを**図5.12**に示す。NMRチャートの横軸は化学シフト（δ）呼ばれ，ppmで表示する。詳しいことは省くが，この化学シフトの値（^{1}H NMRでは0～10 ppm；^{13}C NMRでは0～200 ppm）によって，オレフィンプロトンなのかアルキルプロトンなのかなどの区別ができる。例えば，5 ppm付近に2本の吸収がある。これは，リモネンの2種類のオレフィンプロトンの存在を示している。また，2 ppm付近にはアルキルプロトンの存在を示している。このような情報が得られる。つぎに ^{13}C NMR スペクトルを説明する。通常の ^{13}C NMR チャートは，**図5.13** に示すように，線で表示されている。リモネンは，炭素が10個あり，そのすべて

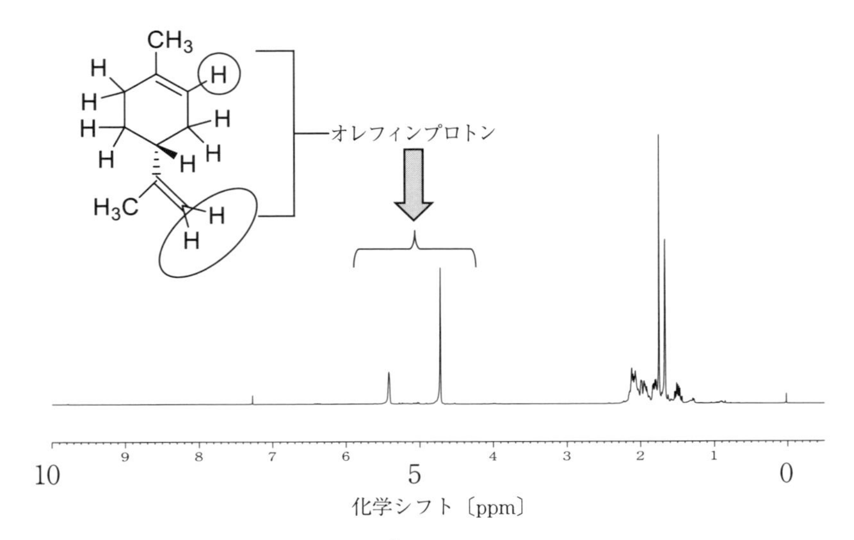

図5.12　リモネンの ^{1}H NMR スペクトルチャート

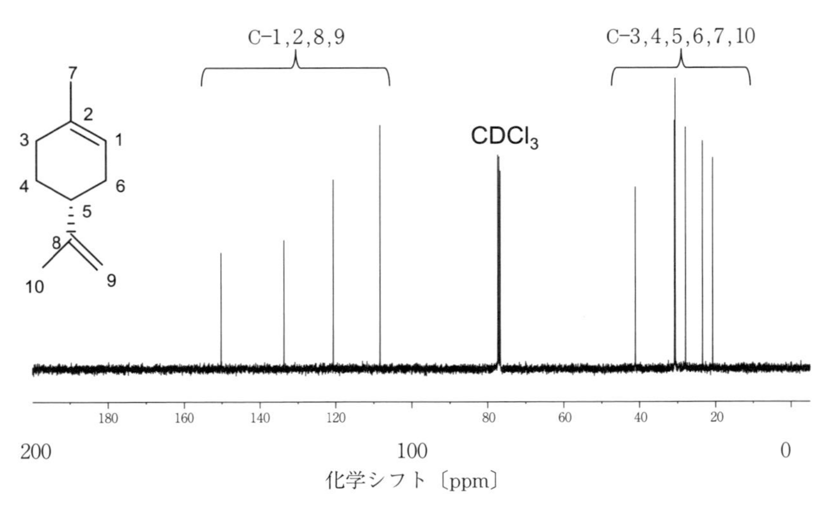

図5.13　リモネンの ^{13}C NMR スペクトルチャート

の炭素が異なった結合の仕方をしている。その結果，^{13}C NMR スペクトルでは，個々の炭素原子が，別々の位置に観測される。つまり，10 本観測される。さらに，^{13}C NMR スペクトルの場合，大まかに 100 ppm より小さい値，図 5.13 でいえば右半分には，飽和炭素原子の吸収が観測される。一方，左半分は不飽和炭素原子の吸収が観測される。さらに，詳細な分析によって，リモネンの構造が決定できるが，本書の範囲を超えるため，その説明は省略する。詳しくは，機器分析の専門書を見ていただきたい。

ところで，図 5.8 で説明したように，柑橘類の香気成分の 80 ～ 90 %は，リモネンが占めている。このことを，グレープフルーツとレモンを例に，説明する。この二つの果実からヘキサン抽出によって，素材の香気を有する抽出物が得られる。得られた抽出物の ^{1}H NMR および ^{13}C NMR スペクトルチャートを**図 5.14** に示す。このチャートと図 5.12 および図 5.13 のリモネンの NMR チャートとを比較すると，グレープフルーツとレモンの両方ともリモネンのチャートとほとんど変わらないことがわかる。つまり，どちらもリモネンが主

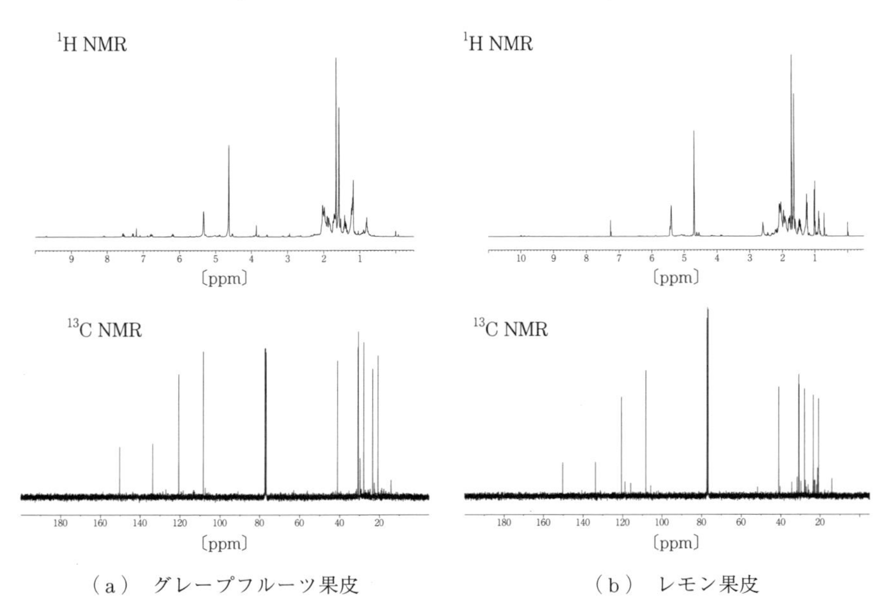

図 5.14 グレープフルーツとレモンの ^{1}H NMR および ^{13}C NMR スペクトルチャート

成分になっている。では，この二つの果実のにおいの違いを与えている成分は，どこにあるのか。図 5.14 をよく観察すると，リモネン以外の吸収がごくわずかであるが見られることがわかる。このわずかな吸収を与えている成分こそ，二つの果実のにおいの違いの原因成分である。

先ほど，NMR は多数の成分の含有を分析するのには不向きで，代わりに，ガスクロマトグラフィー（GC）が向いていることを記述した。GC とは，クロマトグラフィーの一つであるが，30 m ほどの長い細管に吸着剤を詰め，その中をガスに乗せてサンプルを移動させ，吸着の差によって各成分を分離するものである。分離したものが検出器によって，ピークとして観測される。**図 5.15** にスターアニスの抽出成分の GC チャートを例として示す。GC の場合は，横軸は保持時間といい，単位は分である。縦軸は強度で，おおよそ含有成分の量と考えていい。図では，14 分の大きいピークは，主要成分のアネトールの吸収であり，それ以外に 17 分，20 分などにごく小さいピークが見られる。ほぼ，ピーク一つひとつが別々の成分と考えることができる（実際には，ピーク一つに多数の成分が含まれていることもある）。例に挙げたチャートはたいへんシンプルなものであるが，多数の成分があってもほぼ一つひとつ別々のピークとして観測できる。したがって，GC を比較することによって，含有成分の違いを明確に見ることができる。

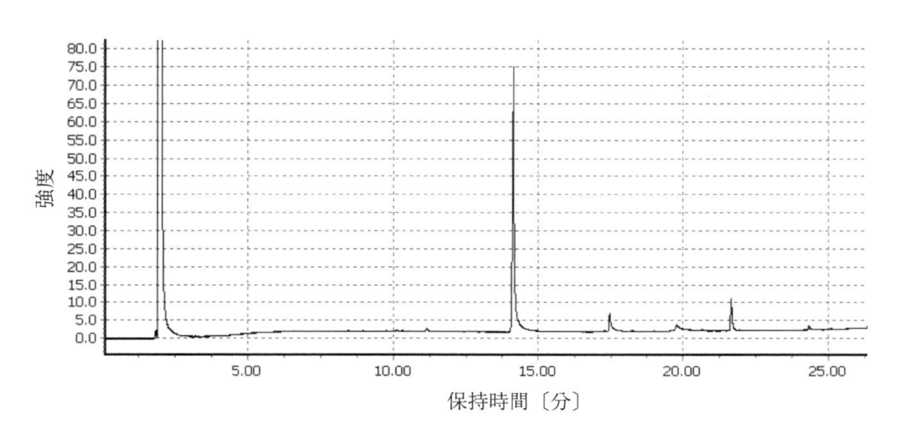

図 5.15　ガスクロマトグラフィー（GC）チャート

5.4　さまざまな香り分子の合成

ここでは，さまざまな香り分子の合成について説明する。合成や反応によって種々の香気を有する化合物へと変化していく。

図 5.16 は，ビャクダン（白檀）という香材に含まれている主成分の α–サンタロールの各種誘導体への変換をまとめたものである。α–サンタロールは，典型的なビャクダン様の香気を有する。ヒドロキシ基の酸化によって，少しフレッシュなビャクダン香気を有するアルデヒド体が得られる。また，二重結合の接触還元によって得られた飽和体は，ほとんどにおいの変化は見られない。一方，ギ酸および無水酢酸によってそれぞれ対応するエステル体に誘導される。このような官能基の変換によって，ビャクダン様の香気をベースとした各種化合物が得られる。

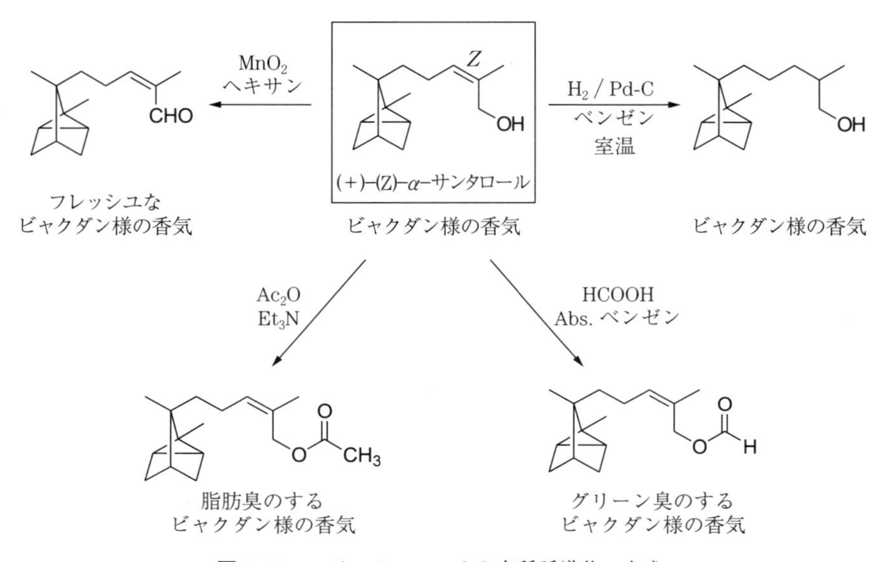

図 5.16　α–サンタロールから各種誘導体の合成

つぎに，スターアニスの主要成分のアネトールの合成について説明する。アネトールは，パラ位にメトキシ基を有する2置換ベンゼンである。アニソール（*p*-メトキシベンゼン）を出発物質として，フリーデル・クラフツ アシル化し，そして還元によってアルコール体とする。このアルコール体の脱水によって，特徴的なアニス様の香気をもつアネトールとなる（**図5.17**）。アネトールの還元によって得られる化合物は，すでにアニス様の香気を失っている。このように，合成過程においてつぎつぎと香気が大きく変わっていく。

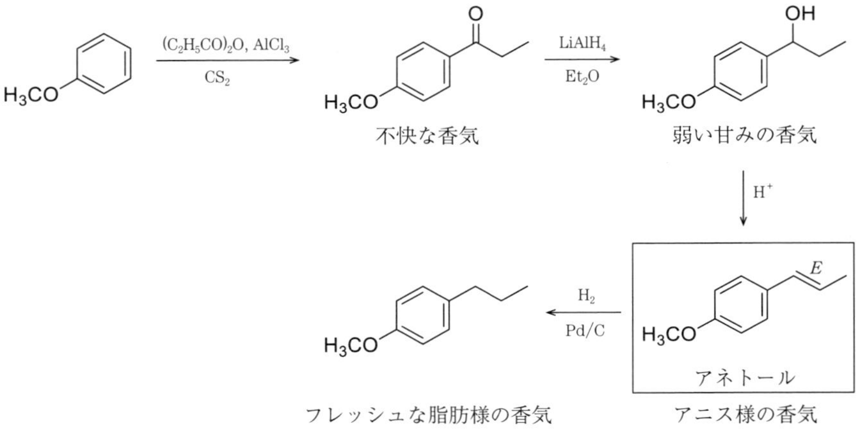

H_3CO ― $(C_2H_5CO)_2O$, $AlCl_3$ / CS_2 → H_3CO（O）不快な香気 ― $LiAlH_4$ / Et_2O → H_3CO（OH）弱い甘みの香気 ― H^+ → H_3CO（*E*）アネトール　アニス様の香気 ― H_2 / Pd/C → H_3CO　フレッシュな脂肪様の香気

図5.17　アネトールの合成

付　　　　録

A. 用語のまとめ

各章で取り上げた重要な概念に関係する用語について，50 音順でまとめた。ここだけで，用語の要点が理解できるように説明を加えてある。

R，S 命名法（R, S nomenclature）
光学異性体の立体構造を規定する命名法。一定の決められた規則に従って，不斉炭素に結合している原子（または原子団）に順位を付ける。その順位をもとに，四つの異なった原子（または原子団）の絶対的な配置を規定する命名法。**R 配置**（R–configuration）と **S 配置**（S–configuration）がある。

イオン結合（ionic bond）
＋の電荷をもったイオンと－の電荷をもったイオンとが電気的な力で結び付いたタイプの結合。

異性体（isomer）
分子を構成する原子の数が同じであっても，構成する原子間のつながり方や空間的な配置の違いによって形成されるまったく別の分子のこと。**構造異性体**（structural isomer）と**立体異性体**（stereoisomer）がある。構成する原子間のつながり方の違いによって生じる異性体が構造異性体であり，分子中の構成する原子間のつながり方は同じでも原子の空間的な配置の違いによって生じる異性体が立体異性体である。

E，Z 命名法（E, Z nomenclature）
分子中に二重結合が存在すると，それによって生じる異性体が存在する。図 1.15 に示したように，二つ臭素原子が同じ側にあるものを**シス**（cis），反対側にあるものを**トランス**（trans）と呼んでいる。このような異性体を幾何異性体と呼ぶ。相対的な位置関係が異なる二重結合に置換した原子（または原子団）が異なっている場合には，二つの幾何異性体をシス，トランスで明確に規定することができない。

そこで，これらのことを含めて，もっと一般的にこのような立体構造を規定できる方法として決められた幾何異性体を規定する命名方法。

sp^3 混成軌道（sp^3 hybrid orbital）

メタン分子 CH_4 の炭素原子は，等価な四つの手をもって共有結合を形成していることを説明するのに，L 殻の 2s 軌道と三つの 2p 軌道すべてから新たに四つの等価な軌道が生成され，その軌道を用いて共有結合が形成されるという考え方をする。そのときの結合に使用されている軌道のこと。

化学結合（chemical bond）

原子と原子を結び付けている状態。化学構造式で棒状に描かれている。

官能基（functional group）

有機分子の性質に大きな役割を果たす原子または原子団（原子がつながったグループ）のこと。

幾何異性体（geometrical isomer）

二重結合に置換した原子（または原子団）の相対的な位置関係が異なることによって生じる立体異性体。例えば，二つの臭素原子が同じ側にあるものを**シス**（cis），反対側にあるものを**トランス**（trans）と呼んでいる。このため**シス–トランス異性体**と呼ぶこともある。

鏡像異性体（enantiomer）

立体異性体のうち，鏡の関係にある異性体のこと。鏡像異性体間では、相対的な空間的分子の広がり方に差がないため，偏光面を右に回転させるか，左に回転させるかの光に対する性質以外の分子の性質は同じになる。

軌道（オービタル）（orbital）

電子は原子核からある一定の距離の特定の空間に存在している。その存在している空間のこと。

共役（conjugation）

二つの二重結合が隣接していることにより生じる相互作用。例えば，ブタジエンは，分子中に二つの隣接している二重結合をもっている。この場合，隣接した二重結合に挟まれた単結合は，単結合と二重結合のほぼ中間の結合に長さを有する。このような場合に二つの二重結合は共役しているという。

共有結合（covalent bond）

結合に関与している原子からそれぞれ電子を出し合って結び付いている結合のこと。有機化合物には，σ 結合と π 結合がある。

極性（polarity）

共有結合において，共有している電子が結合している原子の片方に引き寄せられた結果生じる結合の分極のこと。

極性分子（polar molecule）

分子を構成している原子や官能基によって分子中に電荷のわずかな偏りを有している分子のこと。この分子に対して，ほとんど電荷の偏りがない分子を**無極性分子**（nonpolar molecule）という。

ケト–エノール互変異性（keto-enol tautomerism）

ケトン構造を有する化合物とエノール構造を有する化合物との間の平衡関係。

原子価電子（valence electron）

化学結合に関与している最外殻にある電子のこと。単に価電子ということもある。

最外殻電子（peripheral electron）

原子の一番外側のエネルギーの高い軌道にある電子。化学結合に関与している。

σ 結合（σ bond）

sp3 混成軌道どうしの重なりによって形成されている結合のこと。この結合形成に関与している電子を **σ 電子**（σ electron）と呼ぶ。

周期表（periodic table）

ロシアのドミトリ・メンデレーエフ（1834 ～ 1907年）が1869年に発見したもの。原子番号順に原子を並べた表で，原子の性質を示している。

親水性（hydrophilic）

水と仲の良い分子の性質のこと。一方，油と仲の良い性質のことは**親油性**（oleophilic）と呼ぶ。また，**疎水性**（hydrophobic）という言い方もあり，この言葉は，親水性はほぼ同じ意味として使われている。

水素結合（hydrogen bond）

分子間力の一つ。ヒドロキシ基（OH）やアミノ基（NH）において，二つの分子の酸素原子や窒素原子が近付いた場合に，水素原子を仲介に生じる強い相互作用のこと。水素結合を作りうる分子は，高い沸点を示す。

静電引力（electrostatic attraction），（**クーロン力**（Coulomb's force））

極性分子の間の電気的に＋と－の電荷が引き合うことによって生じる分子間力のこと。一方，無極性分子どうしが近付くことによって生じる分子間力のことは，**ファンデルワールス力**（van der Waals force）という。

超共役（hyperconjugation）

カルボカチオンはメチル基（CH_3 基）のようなアルキル基が多く置換するほど安定になる。この安定化の原因の一つは，炭素に結合した水素原子の σ 軌道とカチオンの p 軌道との共役である。このような共役のこと。

電気陰性度（electronegativity）

原子によって電子を引き付けやすいものとそうでないものがある。この原子が電子を引き付けようとする傾向を見積もる尺度としてアメリカのポーリング（1901 ～ 1994 年）が提唱した数値。値が大きいほど電子を引き付ける力が強いことを示す。電気陰性度が最大の原子はフッ素である。同一周期では右にいくほど，同じ族では上にいくほど電気陰性度は増大する。不活性気体（18 族）は基本的には分子を作らないので電気陰性度の値はない。

π 結合（π bond）

エチレンの炭素–炭素二重結合の 2 本の結合のうちの水素と付加反応する性質をもっている結合のこと。この結合に関与している電子を **π 電子**（π electron）と呼ぶ。二重結合の平面に広がる三つの σ 結合は，一つの 2s 軌道と二つの 2p 軌道によって形成されている **sp^2 混成軌道**によって，また，三重結合は一つの 2s 軌道と一つの 2p 軌道によって作られる **sp 混成軌道**によって作られている。これらの σ 結合形成に使われていない軌道と電子の関与した結合。二重結合では 2p 軌道と一つの電子，三重結合では二つの 2p 軌道とそれぞれに一つずつの電子が使われ，p 軌道の側面の重なりによる電子対の共有によって形成されている結合。σ 結合に比べて π 結合の p 軌道の重なりは小さいため，σ 結合よりも弱い結合となり，付加反応を起こす。

パウリの排他原理（Pauli exclusion principle）

エネルギーの低い軌道から順に電子が入るときの規則の一つ。すべての量子数が等しい値を取ることができないが，電子には2種類のスピン（電子スピン）があるため，1種類の軌道に電子は二つのペアで入るという規則。

非共有電子対（unshared electron pair）

共有結合に関与していない電子対のこと。酸塩基性および有機化学反応において重要な役割を果たしている。

ファンデルワールス半径（van der Waals radius）

原子どうしはある距離以上は近付くことができない。このほかの原子が近付くことのできるその原子の最小の大きさのこと。

不斉炭素原子（asymmetric carbon atom）

sp^3 混成の炭素原子（つまり，単結合だけをしている炭素原子）の四つの手にすべて異なった原子または原子団が結合している炭素原子のこと。この場合，鏡の関係にある異性体，つまり鏡像異性体が存在する。

ブレンステッド・ローリーの酸・塩基定義（Brønsted–Lowry acid–base theory）

酢酸が水の中で酸性を示すということは，酢酸が水分子に H^+ を与える能力があるということになる。一方，水分子は H^+ を受け取ることができる。このような H^+ の授受が成立する場合，H^+ を与える分子を酸（acid），H^+ を受け取る分子を**塩基**（base）という。このような酸塩基の定義のこと。

分子間相互作用（intermolecular interaction）

分子どうしを結び付けている力のことを**分子間力**（intermolecular forces）といい，この力をもたらす分子どうしの影響のこと。

フントの規則（Hund's rules）

エネルギーの低い軌道から順に電子が入るときの規則の一つ。p 軌道にはエネルギーの同じ3種類の軌道がある。この軌道に電子が入るときに，まず一つずつ入っていき，すべての軌道に入ったあとはじめてペアをつくって入っていくという規則。

芳香族性（aromaticity）

ベンゼンの π 電子の関与によって生じるその特別な構造と安定性をもつ性質のこと。同じような性質に対して拡張して，芳香族性という言葉が用いられる。

誘起効果（inductive effect）

カチオンの隣の炭素に結合した水素原子との間の σ 結合の σ 電子のカチオンの空

のp軌道への電子の流れ込みの効果。

ルイス構造式（Lewis structural formula）

価電子の数を示した化学式。

ルイスの酸・塩基（Lewis acid and base）**の定義**

電子対の授受によって（H^+の授受ではなく）酸塩基を規定する，酸・塩基の定義。

立体配座（comformation）

例えば，エタン分子の隣接した二つの炭素原子に結合した水素原子の相対的位置関係が異なる状態の構造の違いから生じる立体異性のこと。これに対して，幾何異性や鏡像異性などのことを**立体配置**（configuration）という。

B. においを有する天然有機化合物

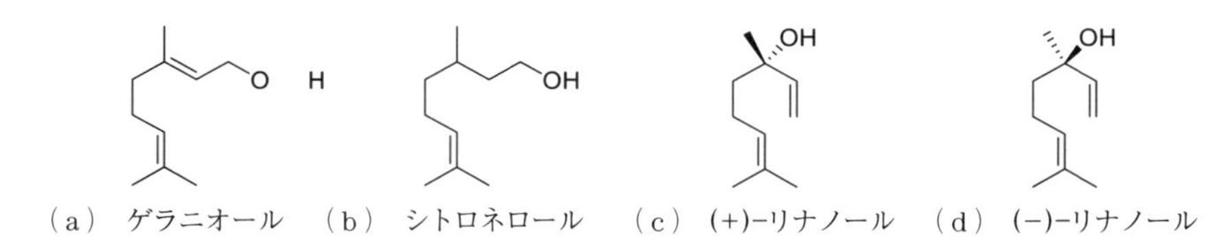

付図 B.1

ゲラニオール（geraniol）

パルマローザ精油に70～85％含まれている。ゼラニウム精油やバラ精油にもかなりの量として含まれている成分である。無色の液体で，花様のバラに似たにおいをもっている。

シトロネロール（citronellol）

不斉炭素が一つあり，（＋）体と（－）体の鏡像異性体がある。多くの精油の中には，鏡像異性体の両方が存在する。無色の液体で，甘いバラ様のにおいをもっている。－体のほうが＋体よりもより繊細な感じのにおいをもっている。

リナノール（linalool）

不斉炭素が一つあり，（＋）体と（－）体の鏡像異性体があり，その構造は，図のようになっている。多くの精油の中に含まれているが，それぞれの精油には，鏡像異性体の一方のみが含まれている。また，しばしば，主成分としてかなりの量が含まれている。ローズウッド精油には－体が約 80 %含まれている。一方，コリアンダー精油には，＋体が 60 ～ 70 %含まれている。花様の爽快なにおいをもっている。谷間に咲くユリの花を想起させるにおいである。鏡像異性体間で，そのにおいはわずかに違う。

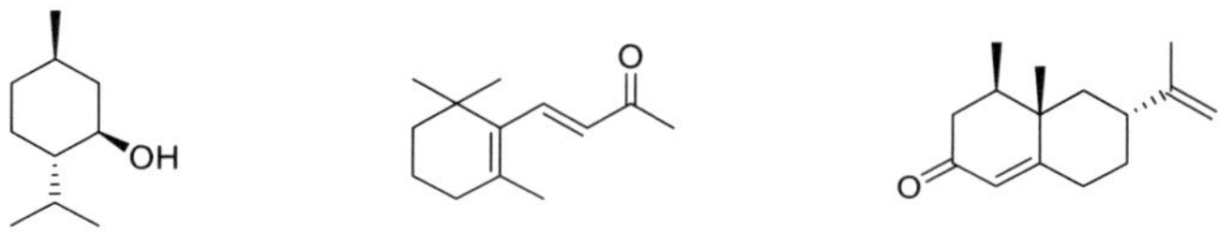

（a）(−)-メントール　（b）β-ヨノン　（c）ヌートカン

付図 B.2

(ー)-メントール [（−）−menthol]

多くの鏡像異性体が存在するが，自然界には，広く図に示した立体構造をもつ異性体が存在している。ペパーミント精油やコーンミント精油の主成分である。特徴的なペパーミントのにおいをもち，冷却の効能も示す。他の異性体には見られない特徴である。

β-ヨノン（β−ionone）

多くの精油に含まれている。シダーウッドという木のにおいを連想させるにおいをもっている。薄めるとスミレ様のにおいが感じられるようになる。環構造部分の二重結合の位置の異なる 2 種類の異性体（α−ヨノンと β−ヨノン）も自然界に存在する。

ヌートカトン（nootkatone）

グレープフルーツの果皮やジュースに含まれている。また，その他の柑橘類にも含まれている。特徴的なグレープフルーツのにおいをもっている。

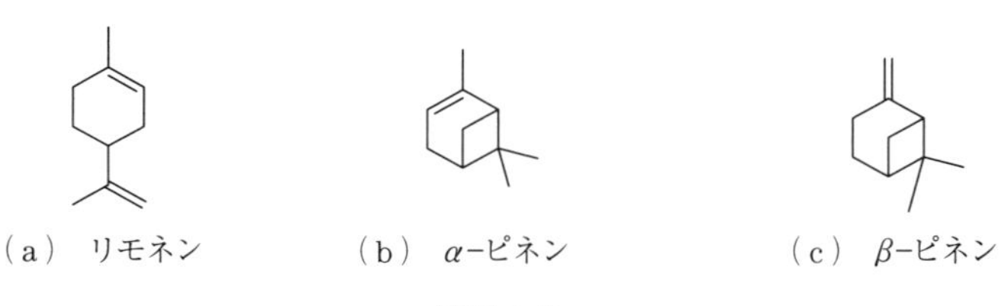

（a）リモネン　（b）α-ピネン　（c）β-ピネン

付図 B.3

リモネン（limonene）

不斉炭素が一つあり，（+）体と（−）体の鏡像異性体がある。自然界には，いずれの異性体も存在し，ラセミ体としても存在している。柑橘類の果皮の油には，（+）異性体が 90 %含まれている。（+）体は，柑橘様のにおいもっているが，（−）体は，テルペン様の異なった匂いをもっている。

α-ピネン（α−pinene）

自然界には（+）異性体が広く存在している。多くの樹木の精油中に豊富に存在する。森の木々のにおいを想起させるにおいをもっている。

β-ピネン（β−pinene）

多くの精油中には，（+）体か（−）体が存在するが，ラセミ体としても存在していることもある。森の木々のにおいを想起させるにおいをもっている。

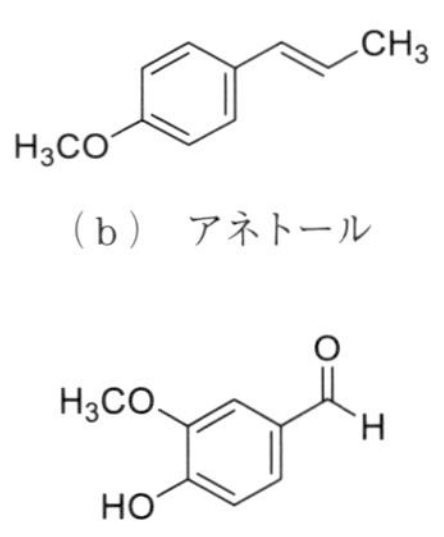

（a） シンナムアルデヒド　（b） アネトール

（c） オイゲノール　（d） バニリン

付図 B.4

シンナムアルデヒド（cinnamaldehyde）

トランス異性体がスリランカシナモンの樹皮の精油中に約 75 %含まれている。黄色の液体で，特徴的なスパイシーなシナモンのにおいを有する。

アネトール（anethole）

自然界には，シス体もトランス体もどちらも存在するが，いつもトランス体が主成分である。スターアニス精油中に 90 %以上含まれている。無色の結晶（mp 21.5 ℃）。アニス様のにおいと甘みのある味をもっている（mp とは melting point 融点の略号）。

オイゲノール (eugenol)

いくつかの精油の主成分である。クローブの葉の精油やシナモンの葉の精油中に90％以上含まれている。ほかの多くの精油中にも少量含まれている。スパイシーなクローブのにおいをもっている。

バニリン (vanillin)

多くの精油や食物の中に見い出される。それらの精油や食物のにおいにとってバニリンは必須の成分ではないが，それらのにおいを特徴付けている。無色の結晶性の固体（mp 82 ～ 83 ℃）で，典型的なバニラのにおいをもっている。

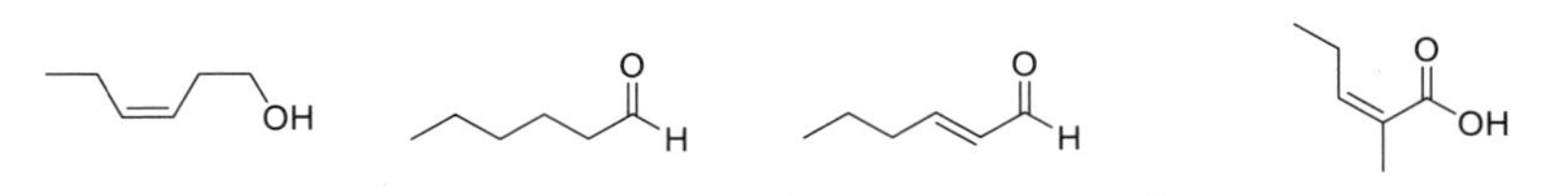

（a） (*Z*)-3-ヘキセノール （b） ヘキサナール （c） (*E*)-2-ヘキセナール （d） 2-メチル-2-ペンテン酸

付図 B.5

(*Z*)-3-ヘキセノール [(*Z*)-3-hexenol]

青葉アルコールともいう。無色の液体で，草をカットしたときのフレッシュなにおいを示す。ほとんどすべてのグリーン部分に少量だが存在する。

ヘキサナール (hexanal)

リンゴ，イチゴ，オレンジ，そしてレモンのにおい成分の一つである。無色の液体で，脂肪臭とグリーン臭をもっている。薄い場合には，熟していない果実を想起させるにおいを示す。

(*E*)-2-ヘキセナール [(*E*)-2-hexenal]

青葉アルデヒドともいう。多くの植物の青葉から得られた精油中に存在する。無色の液体で，シャープなハーブ用のグリーン臭をもち，少しアクロレイン用の刺激臭も併せもっている。

2-メチル-2-ペンテン酸 (2-methyl-2-pentenoic acid)

乾燥した酸のにおいを示す。イチゴのにおいの中にも見付かっている。

参　考　文　献

〈有機化学の基礎をさらに学ぶため〉

（1）　粳間由幸 編著：有機化学，実教出版（2015）
（2）　長谷川登志夫：マンガでわかる有機化学，オーム社（2014）
（3）　赤路健一，福田常彦：生命系の基礎有機化学，化学同人（2008）

〈より詳しく有機化学を学ぶため〉

（1）　奥山 格，石井昭彦，箕浦真生：有機化学，丸善出版，改訂2版（2016）
（2）　John McMurry 著，伊東 二，児玉三明，荻野敏夫，深澤義正，通 元夫 訳：マクマリー有機化学（上）（中）（下），東京化学同人，第8版（2013）
（3）　David R. Klein 著，竹内敬人，山口和夫 訳：困ったときの有機化学，化学同人（2009）

〈有機化合物の構造の決め方を学ぶため〉

（1）　楠見武徳：テキストブック 有機スペクトル解析，裳華房（2015）
（2）　森田博史，石橋正己：ベーシック有機構造解析，化学同人（2011）
（3）　横山 泰，廣田 洋，石原晋次：演習で学ぶ有機化合物のスペクトル解析，東京化学同人（2010）

〈香りの科学を学ぶため〉

（1）　長谷川香料株式会社：香料の科学（KS化学専門書），講談社（2013）
（2）　倉橋 隆，福井 寛，光田 恵：トコトンやさしいにおいとかおりの本，日刊工業新聞社（2011）
（3）　森 憲作：脳のなかの匂い地図（PHPサイエンス・ワールド新書），PHP研究所（2010）

索　　引

――著者略歴――

1981年　埼玉大学理学部化学科卒業
1983年　東京大学大学院理学系研究科修士課程修了（有機化学専攻）
1983年　埼玉大学教務職員
1989年　理学博士（東京大学）
1995年　埼玉大学助手
1999年　埼玉大学助教授
2006年　埼玉大学准教授
　　　　現在に至る

香りがナビゲートする有機化学

Organic Chemistry Navigated by Fragrance

2016年10月28日　初版第1刷発行　★

検印省略

著　者　長谷川（はせがわ）　登志夫（としお）
発 行 者　株式会社　コロナ社
　　　　代表者　牛来真也
印 刷 所　萩原印刷株式会社

112-0011　東京都文京区千石4-46-10
発行所　株式会社　**コロナ社**
CORONA PUBLISHING CO., LTD.
Tokyo Japan
振替00140-8-14844・電話(03)3941-3131(代)
ホームページ　http://www.coronasha.co.jp

ISBN 978-4-339-06638-8　（中原）　（製本：愛千製本所）
Printed in Japan